怎样化解
你工作中的困难

焦海利◎编著

吉林出版集团股份有限公司

图书在版编目（CIP）数据

怎样化解你工作中的困难 / 焦海利编著. — 长春：
吉林出版集团股份有限公司, 2018.7

ISBN 978-7-5581-5233-7

Ⅰ. ①怎… Ⅱ. ①焦… Ⅲ. ①女性 – 成功心理 – 通俗读物
Ⅳ. ①B848.4–49

中国版本图书馆CIP数据核字（2018）第132726号

怎样化解你工作中的困难

编　著	焦海利	
责 任 编 辑	王　平　史俊南	
开　本	710mm×1000mm　　1/16	
字　数	260千字	
印　张	18	
版　次	2018年11月第1版	
印　次	2018年11月第1次印刷	
出　版	吉林出版集团股份有限公司	
电　话	总编办：010-63109269	
	发行部：010-67208886	
印　刷	三河市天润建兴印务有限公司	

ISBN 978-7-5581-5233-7　　　　　　　　　　　定价：45.00元

前言

白领，如今是一个高雅时尚的代名词，但是头顶这一桂冠的人，又有多少人过着如他们的名字一样光鲜的生活，在他们这些"光鲜"的背后，又掩藏着什么呢？

为了赶上时代的步伐，他们在繁华都市中努力行走、奔跑，其实原因很简单，就是为了更好的生活。然而，世界是丰富的，有许多东西令人满意，也有许多东西令人讨厌。不管我们愿不愿意接受，两者都会如期而至。在他们前进的道路上，有人被事业所困，有人被爱情所困，有人被家庭所困，有人被健康所困……而且，一个困局解决了，又有新的困局来临，连绵不断，无止无休。

在繁忙的都市中，白领一族普遍面临的职场困局：每天规规矩矩地上班，心里却暗流汹涌。也许是因为飞速上涨的物价和薪水间的差距越来越大，也许是因为巨大的工作压力带来的心理压力，也许是因为千篇一律的工作方式磨损了工作热情，也许是因为不近人情的领导，也许是因为勾心斗角的同事……都让压力和郁闷日积月累，却无从排解。有人因此陷入工作低潮，有人因此考虑跳槽。但其实，这样的困局，会随时出现在白领的职场生涯中，听之任之或转身逃避都不能解决问题。

谭嗣同曾经说过，"人生世间，天必有困之：以天下事困圣贤困英雄，以道德文章困士人，以功名困士宦，以货利困商贾，以衣食困庸夫。"也许，这就是真实的人生。

人生的风雨是立世的训喻，生活的困局是人生的老师。托尔斯泰、达尔文、牛顿、范仲淹等知名人士，都经历过坎坷，他们一路走过，最终战胜恶劣的处境，拥有辉煌的人生。

无论是强者还是弱者，都不能和困局绝缘。困局是一块试金石，困局是一剂清醒药。强者在困局中破茧成蝶，弱者在困局中沉沦堕落。

人生处处有困局，要想做生活的强者，就必须学会从困局中破茧而出，从而令生活质量迈上一个更高的台阶。

身处困局，一味地妥协肯定不可取，但一味地抗争也未必高明。因为有的困境只是分娩时的阵痛，你的妥协会造成"胎死腹中"的严重恶果，而有的困局是一盏红灯，明确地警告你此路不通，你强行闯关的后果会很严重。不同的困局需要用不同的应对之术。

如果你正身处困局，请打开本书。本书全面提出了白领一族的日常困局，深入浅出地介绍了各种简单易行而又十分有效的防护措施，是白领人士不可缺少的一本呵护自我的"枕边书"。

CONTENTS 目录

第二章　经营关系，给成功一个稳定的支点

第三章　调适心态，在挑战中成长

第四章　巧妙理财，给自己一个无忧的未来

第五章　合理安排，让单调的生活变得丰富充实

第一章

玩转职场，
做一束永远不败的
职场玫瑰

人在职场中，每一个人都有自己的智慧，每一个人也都有自己的谋略和权术，要想比别人看得远，就要比别人站得高；要想比别人成功得早，就要比别人跑得快。面对成功，大家都在同时追求，面对失败，大家也都在同时避免，狭路相逢，鹿死谁手，就要全凭自己的能耐和勇气了。俗话说："兵来将挡，水来土掩。"因此，要想畅游职场，就要能够苦练"内功心法"，先比赢自己，才能赢得他人。

勿以事小 而不为

初涉职场之人，似乎都存在着这样一个思想误区：成大事者必不拘小节，自己将来是做"大事"的人，所以不拘小节。其实，如果"大"字当头，那多是眼高手低，纸上谈兵；这种人或许可以风光一时，但肯定不会风光一辈子。一步切实的行动远胜过一打华丽空虚的口号。只有脚踏实地，从小事做起，才有可能铸就人生的辉煌。

张帆是一位刚毕业的本科生，通过激烈的竞争，终于如愿以偿地进入了一家德国企业。报到的第一天，他偶然碰到了自己的老乡李珊。

中午吃过饭，张帆闲来无事，就想找自己的老乡李珊了解一些有关公司的一些事情。

张帆来到李珊的办公室后，发现她的桌子上有许多办公用品，如曲别针、红蓝铅笔、胶水等都摆有两套。张帆不禁好奇地问道："你的办公桌本来就不大，为什么要摆两套办公用品呢？"

听张帆这么一问，李珊有些不好意思地说："快别问了，为了这事，我差点被老板炒了鱿鱼。"

"为什么？"凭直觉，张帆肯定这里面有个好听的故事。

李珊知道自己的老乡得不到答案是不肯罢休的。于是，她无奈地说道："当初为了能进这家德国公司，我不知做了多少准备，耗费了多少心血，也寄托了许多梦想。可上班后才发现，每日做的无非是些琐碎的工作，既不需要多少专业知识，也看不出它们有多大意义；没过几天，我当初的满腔热情，在不知不觉中便冷却了下来。

"有一次，公司要开展新产品推广会，我们部门所有的人都连夜准备文件。部门经理分配给我的工作是装订和封套。我们的经理是一个快60岁的德国老头。他一再叮嘱：'一定要做好准备，千万别到时候措手不及。'我当时听了心里很不高兴，心想：这种高中生也会做的事，难道还能难得倒我？你也太小瞧我了！于是我也没多加理会。等到同事把文件终于交到我手里。我就开始一份一份地装订，没想到只钉了十几份，钉书机'咔嚓'一响，钉书针用完了。我漫不经心地抽开钉书针盒，脑子里轰地一响——里面没有钉书针了！我马上到处找，但找来找去就是找不到。经理发现后，也立刻让所有人翻箱倒柜。不知怎的，平时随处可见的小东西，现在竟连一排也找不到。

"这时已是深夜，而文件必须要在明早8：30大会召开前发到各个代表手中，经理像个恶魔似的对我大喊：'不是叫你做好准备吗？你怎么连这点小事也做不好？'我低头无言以对，脸上像挨了一巴掌似的滚烫刺痛。

"办公室的同事几经周折，终于在凌晨4点钟在旁边一家五星级酒店的商务中心，找到了钉书针，并赶在开会之前，将装订得整齐漂亮的文件发到代表手中。

"没人知道，那一夜我是怎么熬过去的，也不知道自己在装订完之后做了些什么。开完会后，我等着经理的训斥，并做好了被炒鱿鱼的准备；但没想到平时严厉得不近人情的经理，却只对我说了一句：'记住，办公室里无小事。'这是我一生都不敢忘记的一句话，它让我深刻地领悟到，'不打无准备之仗'这句老话的真正含义。以防万一，做万分之一的准备工作并不是浪费；

而如果以三分的精力和态度面对十分的工作，将带来不可预料的恶果。在职场上要想取得成功，真正的障碍，有时可能只是一点点疏忽与大意，比如，那一盒小小的钉书针……所以，我从此养成了一个习惯，桌上永远放两套办公用品，它们相当于一个警示牌，随时告诫自己，不要忽视一切小问题。"

白领突击：

的确，有许多成功人士，正是因为脚踏实地，才一步一步成就了自己的事业。但是，我们不得不承认的是，更多时候一些小事更具有决定性的力量。电梯里和上司简短的几句聊天，可能会给你带来更多的机会；在谈判中说错一句话，可能会让你最后痛失快要到手的合同。如果你在日常工作中就很注意任何细微的问题，那么你就能从容应对任何问题。

生活中，什么事情都有一个从小到大的发展过程，要想在职场立住脚跟并有所作为，就不要嫌弃从小事做起，也不要抱怨一时的不得意，是金子，无论放到哪里总会有发光的一天。

［ 不只为高薪
而工作 ］

如今，许多职业白领的职业含金量在下降，其中尤其危险的有三类白领。第一类为企业形象工程的高薪者；第二类白领虽然身处高职位，但多年不能晋升，职位成为发展的阻碍；第三类人本身从事的工作就是垃圾工作(非核心工作)，看似繁忙却不能对企业产生价值，他们也随之沦为非核心员工，没有任何职业安全可谈。这三类白领的身价在下跌，职业发展前景不容乐观。

为了寻求更大的发展，他们需要保持职业活力，而这种活力来自于不断的学习、全新的工作和自身竞争力。每个人都有新的打算，能够在一生中，做好职业规划，跳出误区，就会得到更广阔的发展空间。

小萧是一家中型网站的首席执行官，薪水丰厚，可谓高薪高职。但是所做工作和职位不相符。每天做的工作就是维护网站正常运行，并管理手下的程序员和网络编辑。其实，公司的业务完全不在网站，这个网站的建立带有很大的政绩工程的性质，致使小萧工作时的热情骤减。而且，这样的日子总让他觉得是在混日子，但他却又不能下定决心离开。毕竟高薪还是让人不忍心放弃的。

白领突击：

职场生存，当然要讲究物质回报，但是当回报与工作不成正比的时候，就面临着一个抉择，到底是要高薪，还是要职业发展？小萧已经陷入了纯粹以薪资为导向衡量职业价值的陷阱。当职业已经没有什么价值的时候，为了利益的标准而放不开，其实是在消耗以往的工作积累，自己的经验和时间成本在流失，职业身价在下跌。这对自己来说是非常不经济的。一定要走好每一步，否则，一步走错满盘皆输。职业的含金量与一个人的的身价密切相关，不要被高薪高职的外表所迷惑。

因此，重新定位自己的发展迫在眉睫。小萧作为网络工程师，又有过运营商业网站的实战经验，可他的长期发展战略却明显偏离了正常的轨道，停滞不前。跳槽是目前唯一的选择，通过跳槽来经营职业长期规划，而不要为高薪所累。职业身价的增长和可持续发展才是最重要的。

给自己的人生
做加减法

王军在一家公司干了多年，随着公司的日渐发展和壮大，他也从一名普普通通的销售人员逐渐成为公司的顶梁柱。他现在是公司一个销售部门的经理，他所带领的销售团队，几乎每年都是公司的销售冠军。

看到王军多年来对公司的忠诚及对公司做出的巨大贡献，在一次绩效考核之后，总经理和人力资源部商议后决定将他提升为公司的副总经理，负责管理公司的所有营销工作。当总经理就此事找到他进行谈话时，没想到他竟然婉言拒绝了这次提升。

他的好朋友刘智听说后，就耐心地开导他说："这是一次多么难得的晋升机会啊！能够进入公司的高级管理层，这对你来说也是一次历练，可以在销售之外的其他方面进一步提升、完善自己。"

王军听后，仍然是一副坚决拒绝的模样，刘智忍不住又劝道："你家里的负担一直比较重，在经济上也有很大的压力，而你升为公司副总后，你的薪水会提高一倍，更何况年底还有更为丰厚的奖金可拿，你真的愿意放弃这次机会吗？"

王军却说："我并非不想升到人人艳羡的副总职位，也并非不愿意得到更高的薪酬，更不是就想在部门经理的位置上不思进取、了此一生。虽然在销售领域内我表现得如鱼得水，而且对销售团队的管理也算称职，可是一旦让我统一管理公司的所有营销工作，那我就会感到捉襟见肘了……"

"你怎么就这么不自信呢？"

"哥们儿，不是不自信！是因为咱们已经不是愣头小伙子了，要知道'有所为，有所不为。'"

后来，王军不只是自己没有走上副总的岗位，而且还向公司推荐了他认为更合适的人选。果然他推荐的人在副总的位置上干得有声有色。而王军仍然从事销售管理工作，只不过他已经不再是一名销售经理，而是一名负责总公司销售团队的副总了，在这一职位上他仍然干得是那么的得心应手。

白领突击：

其实，职场中的每个人都难免会遇到这样的加法与减法的问题。

但很多人都打着东方不亮西方亮的小算盘期望把自己锤炼成万能的多面手，并天真地以为自己真的能把每一件事情都做好，于是就带着某种新奇，意气风发地对各种领域发起冲击。直到自己一次又一次地碰壁，才不得不去接受这样一个事实：人生中，你的比较优势可能只有一项或两项。但是并不需要为此而沮丧，在失败和挫折中认识自己的比较优势就是我们人生的一个去粗取精、去伪存真的过程。这个时候，我们会发现，想让自己脱颖而出，需要把自己的精力在事业领地上投射的大大的光圈凝聚成一个切实的焦点。

这种"加"与"减"的得失，不禁让人想起《于丹〈论语〉心得》中的一段话："一个人在三十岁以前是用加法生活的，就是在这个世界上不断地搜寻他所需要的东西，比如经验、财富、情感、名誉。但是，物质的东西越多，人就越容易迷惑。三十岁以后，就要开始学会用减法生活了，要学会舍弃那些不是你心灵真正需要的东西。"

在我们的人生中，强为己有的东西却并不会让我们感到满足和快乐，反而会成为一种压力和负担，搅乱我们平静的生活。所以，你在做什么事情之前，不妨先问自己这样两个问题：我能不能做好？我能不能从中获取快乐？然后再去想能从中得到什么好处。

"加"是一种探知，"减"是一种成长。只有真正把握了这"加"与"减"、"舍"与"得"的机理和尺度，才能做更好的自己，做更快乐更幸福的自己。

让自己成为
一块职场锂电池

这是一个知识大爆炸的时代，科技发明让人眼花缭乱，生产和工作方式日新月异。在这样一个高速猛进发展的时代，愿意的人跟着走，不愿意的人被别人推着走，推都推不动的人只能被这个社会彻底淘汰。当代知识的更新也是日新月异的，假如你不懂得随着时代的步伐更新自己的知识，你就注定要被淘汰。

一般我们都会有一种想法：就是手机的电池电力要全部放完再充电比较好，这基本上是没错的，因为我们在以前使用的充电电池大部分是镍氢电池，而镍氢电池有所谓的记忆效应，若不放完电再充的话，会导致电池寿命急速减少。因此我们才会用到最后一格电才开始充电。

但现在的手机大部分都用锂电池，而锂电池就没有记忆效应的问题。若大家还是等到全部用完电后再充的话反而会使锂电池内部的化学物质无法反应而寿命减少。最好的方法就是沒事就充电让它随时随地保持满格状态，这样你的电池就可用得更长久。

处在职场中的人，也只有象不断充电的锂电池那样来充实自己，才能在职场中拥有无限光明的未来。

李敏读书时学的是旅游专业，毕业后去北京一家五星级酒店做了5年前台财务主管。之后回到海南一家同级别酒店做财务主管。两年前，李敏转行做人力资源，直到现在成为HR主管，并成为企业高层管理人员。

其实旅游专业、财务与人力资源是几个不同的专业，她是如何尽快熟悉并胜任新的工作的呢？最简捷的方法就是不断学习。

其实，她一直没有放弃学习，在工作期间，她自学并取得了旅游、财务和人力资源三个专业的大本文凭，因为她的第一学历是大专，她觉得必须尽可能地提高自己的学历，更重要的是实际工作需要你具备相关的专业知识，否则你是不可能胜任的。

如今，经常被猎头"打扰"的李敏说，自己三次较大的职场转变，都与不断地充电有关，可以说正是充电让她汲取了营养，最终促进了她的职业发展。

今天的李敏，仍然没有放弃学习，她现在正准备考取营养师资格。她现在是每天拿出一到两个小时用来读书学习，包里时刻装着一两本书，有时间就翻几页，再比如利用睡前的时间看书，还有平时经常上网浏览查阅相关资讯等。

白领突击：

主动充电，是绝大多数白领都明白的道理，也是职场动力的源泉。在今天风云变幻的职场，要想让自己不断"保鲜"的方法只有一个，那就是时时刻刻都要懂得为自己充电，努力让自己成为一块职场"锂电池"。但充电也不能过于盲目，比如某个证书热门就去跟风。要注重实用性，否则只是证书一大堆，但工作能力没有提高，照样无法增强自己的职场竞争力。

做办公室的 "宠儿"

在同一个办公室里，总是会出现这样的情况：几个同时进入办公室的职员，能力和学历相差无几，然而，在半年一年后，就会出现明显的地位差异，总会有那么一两个人会受到上司的重用，而剩下的那些就成为不起眼的无名小卒。谁都想成为办公室的宠儿，谁都想夺走办公室的宠爱桂冠，那么，如何成为出众的那一两个呢？最简单也是最重要的一招就是装傻充愣，属于大智若愚的招式。

欧阳雪儿是名牌大学的毕业生，家境优越，毕业后，通过自己的努力，进入一家外企通讯公司工作。与她同时应聘来的还有孙涵。孙涵来自西部一个小城市，还是师范生，无论从学历还是从长相、家境，孙涵都不及欧阳雪儿。然而，两年之后，欧阳雪儿和孙涵所在办公室的主任荣升副经理，副主任荣升主任，空缺的副主任一职竟然落至了孙涵手里，而欧阳雪儿依日是平庸的普通职员。原因何在？就在于孙涵善于"装傻充愣"。

所谓的"装傻充愣"，就是听从领导的一切吩咐，就算是明显的错误，也不要当面指正，要学会装傻。作为初入单位的下属，你在领导眼里一定还没有充分的地位，即便是你说出了正确的意见，你的上司也不见得会放在心上，特别是在你还没有摸清领导的脾气的时候，贸然地表现你的聪明和过人之处是愚蠢的行为。

在欧阳雪儿和孙涵进入公司的第二个月，主任让欧阳雪儿和孙涵统计公司的总销售情况，他诲人不倦地告诉欧阳雪儿和孙涵如何去按照区域划分，制定表格。在接下来的一个星期里，欧阳雪儿运用统计原理设计了一个非常科学的表格，用Excel做了出来。而孙涵却三番五次地向主任请教，然后按照主任的意思在Word里做了一个琐碎而繁杂的表格。一周后，当欧阳雪儿和孙涵将各自的表格交给主任的时候，主任对欧阳雪儿的表格明显不满，他说欧阳雪儿太懒，没有统计详细的数据，虽然欧阳雪儿费尽口舌跟主任说了好久她的统计法则，主任还是坚持让她按照孙涵的格式重做一遍。主任给欧阳雪儿的原因再简单不过："我看不懂你做的是什么！"

私下里，欧阳雪儿向孙涵诉苦，孙涵笑着对欧阳雪儿说："你做的真的很好，可是就像买东西，你认为最好的东西顾客不一定会买。还是耐心地重做一遍吧！"

白领突击：

许多新人进入办公室，都喜欢问长问短，比如办公室的人际关系，比如领导的背景和资历。作为新人，他们还喜欢表现自己，比如一件本来与自己不相关的事情，非要就自己知道的那么一点皮毛去发表意见。女孩们还喜欢比较，比较收入和福利，唯恐有什么利益自己得不到。这些，都是夺取办公室宠爱桂冠的禁忌。要真正成为上司信任的下属，就要学会"装"，装作什么都不在乎，什么都不计较，什么都不知道。

总之，要想得到办公室宠爱桂冠，除了认真地工作、听取并按时完成领导安排的各项任务外，你还要真心地关心所有的人，用技巧和真心夺得最后的胜利！

绝不做潮流的跟风者

　　因为行业、职业的盲目跟风而导致的职业发展受阻，已经成为很多职场白领面临的严重的问题。无视自己的职业个性和兴趣爱好，追热门、随大流，却永远追不上社会发展的步伐，最终导致职业竞争力的严重缺失，而使自己陷入迷茫，已形成了一类难以忽视的人群。

　　学服装设计出身的香香在一家服装公司做了3年的设计，每个月的薪水也就五千元上下，虽然在很多人眼里已经很不错了，可香香却总是不甘心，这也不能怪她，香香的另一个高中同学，医科大学毕业后做了医药代表，几个月后每月至少也得八九千，这不，房子也买了，车子也有了。于是，钻到钱眼里的香香不顾家里的反对和原公司的挽留，毅然决然地走上了医药行业的"淘金"之路。可进了这个医药行业以后，香香才发现，自己所在的这家合资企业在市场上并不具备竞争力，这倒是其次，关键的是自己在零售渠道尚能应付，但在医院渠道的通路颇有难度，好不容易才摸清了该在什么时候去哪个科室去找什么医生，可每次进去，不管自己如何笑脸相迎，得到的却总是冷冰冰地回绝。几个月下来，脱了一层皮的香香，每个月也就是四五千块的收入。心中的后悔暂且不说，想想刚入行时的张狂，又不好意思告诉家人和朋友自己做不下去了。在冷眼和拒绝中，香香开始真正思考自己的职业发展方向。

　　香香的失败就是典型的盲目跟风的问题，分不清自己的强项和弱项，扬短避长，而导致了情理之中的失败。服装和医药，无论从哪个方面来说，都是毫不相干的两个行业。跨行业的跳槽，从某种程度上来说，都是对过去行业经验积累的一个浪费。所以，切莫因为行业的热门性而盲目转型。

白领突击：

热门性行业确实具有很强的吸引力，但也要对自己有一个很深刻的认识，先衡量自己是不是能胜任此工作，能否在此行业有更好地发展，作出全面的分析和调整后再做决定，以免进入盲目跟风的误区。要想避免进入误区，首先要了解自己的兴趣爱好。喜欢做的事情，才是你能够努力钻研，能够做好的事情。兴趣中蕴含了无限的潜能，如果你自己无法挖掘，不妨寻求专业人士的帮助。其次，认清自己的职业性格。每个人在职业性格方面都有其擅长和欠缺的。通过科学的方式认清自己的职业个性，找到自己擅长的职业范围，避免去踩自己的"职业地雷"。工作后，找到个人职业潜能和企业需求的契合点。个人的职业特质是相对不变的，而市场需求是在不断变化并有多重伪装的。找到个人和企业需求之间的最佳结合点，也就找到了自己在社会上的价值所在。

永远 保持激情

微软的一位招聘官员曾经说过："从人力资源的角度讲，我们愿意招的'微软人'，他首先应是一个非常有激情的人：对公司有激情、对技术有激情、对工作有激情。有时在一个具体的工作岗位上，你会觉得奇怪，怎么会招这么一个人，他在这个行业涉猎不深，年纪也不大，但是他有激情，和他谈完之后，你会受到感染，愿意给他一个工作机会。"

以最佳的精神状态二作，不但可以提升你的工作业绩，而且还可以给你带来许多意想不到的成果。这就像许多刚刚进入公司的白领，自觉工作经验缺乏，为了弥补不足，常常早来晚走，斗志昂扬，就算是忙得没时间吃饭，依然很开心，因为工作不但具有挑战生，感受也是全新的。但半年时间不到，也许就会感觉到自己简直与机器人一样，每天是上了班就希望能早点下班，一点也没有原先的激情了。

"说实话，工作这么长时间了，我也不知道自己到底学会了什么，每天领导要求我做什么事情，就会按照他的要求去交差，从来没有想过这个工作是否适合我，我到底在这个岗位能有多大前途；只知道为了生存，我必须在这个单位继续干下去；时间长了，我就对这种机械式的工作方式感到厌倦了，每天都提不起精神，工作对我而言，已经成为平淡无味的东西。"一位白领如是说。

白领突击：

工作中，那种高涨的工作激情到底"跑"哪里去了呢？想找回当初工作时的那个激情飞扬的自己吗？你需要做的，就是想办法帮自己找回工作激情！

第一，保持你对工作的新鲜感。

保持对工作的新鲜感是保证你工作激情的有效方法。任何工作都有从开始接触到全面熟悉的过程，要想保持对工作恒久的新鲜感，你就必须改变对工作只是一种谋生手段的认识。把自己的事业和目前的工作联系起来；除此之外，就是你要给自己不断树立新的目标，挖掘新鲜感……在你解决了一个又一个问题后，自己就会产生一些小小的成就感，这种新鲜感就是让激情每天都陪伴着你的最佳良药，也是促使你更早成功的催化剂。

第二，设法挖掘前进的动力。.

长时间地在某一环境下工作之后，人们很容易成为技术娴熟的工作骨干，但日复一日地重复相同而琐碎的事务，已无法调动你工作的积极性，工作的激情自然也就随之消失。

其实，只要在工作中树立起使命感，明确自己要实现一定的价值的话，就能在个人工作中产生前进的动力。一旦在工作中树立起使命感，你就会主动地为自己出点儿难题，每天都有难题处理，你自然就会活得充实。坚持下去，你就能发现自己每天都在进步，每天都会感到快乐。

第三，发挥个性张扬的本色。

工作步调不断加快，得失之间也变得鲜明无比，情绪的变化常让自己搞得头晕脑胀，稍有心态调整不当，就有可能落入情绪忧郁的恶性循环中。在自己工作情绪不好时，你可以通过各种方法来排除它，跑到室外用自己不满的拳头在受气包上、墙壁上、小树上肆意打上几拳的时候，你的心情肯定会变得好起来。可以把自己的得失与朋友倾诉，特别是在坏情绪降临时，可以先做做深呼吸、伸伸懒腰，再去找一位知心朋友随便聊聊天，聊天之后你的低落情绪就会不知不觉地被迅速消除掉。多想想自己成功或者美好的时光，回忆过去的辉煌以及别人对自己的赞美，可以缓解心中的郁闷。听听自己喜欢的音乐，也是放松自己有效的方法。轻松、明快的乐曲总能带自己到"快乐老家"，不管情绪有多不好，只要听一下自己喜欢的曲子，顿时就能感受到神清气爽。想办法暂时告别工作中的压力，轻松轻松，不仅便于自己发现生活的乐趣，也能为再次做好工作鼓足干劲。

第四，合理调配"自我"。

善于安排个人精力的人总是感觉到生活是轻松的，工作是愉快的。为了达到这种境界，你应该对所有的工作都做好计划，并在规定的时间内完成。工作结束后，要充分利用自己的闲暇时间，切忌把工作带回家做。对于个人的进展应该定期进行"标记"，以便让自己明白，目前已经完成了什么，还有什么工作没有完成；对没有完成的任务，应该规划好完成的时间，并在某段时间，合理分配自己的精力，从而使工作、学习、生活、娱乐尽量做到更加有效，而且能够很好的自我循环、自我提升。

沟通是
升职之道

沟通是关系到升职计划能否成功的关键，因为通过沟通才能使你的上司了解你的工作作风、确认你的应变和决策能力、理解你的处境、知道你的工作计划、接受你的建议，这些反馈到他那里的资讯，让他能对你有个比较客观的评价，并成为你日后能否提升的考核标准。

在白领的日常工作中，有许多过失或不完美都是源于对沟通技巧的掌握程度。有的说："经常都不知道自己哪句话说错了，领导的脸马上就阴了。"还有越来越多的白领抱怨，每天超过一半的工作时间都用在了"上上下下的沟通上"，几乎没有更多的时间来照顾自己的本职工作或业余爱好。但有时候沟通得不好，反而好事变成坏事，使本来十拿九稳的升职到头来鸡飞蛋打。如果沟通得好，就会为你以后的发展打下坚实的基础。

老张是从总部抽调上来的一位统计员，给人的最初印象是沉稳老练，是那种老谋深算、颇有城府的人。

相处的时间长了，让同事真正领教的岂止是城府颇深。好几件事，让同事不得不对他刮目相看，叹服得五体投地。

有一次，老张和一个同事一同去总部开会，第二天上班后，那个同事本该和他一起去向主管汇报开会精神的，没想到，第二天那个同事刚到办公室，主管就找他把昨天开会的精神说了个透。那个同事惊愕得说不出一句话来。平日里，同事们和老张才聊过的事，须臾，就刮到主管的耳朵里。真正不得了，他这早请示、晚汇报、勤沟通的工夫，做得滴水不漏。

后来，同事们便细细观察他，发现他只要一有空闲，就坐到主管办公室里，递烟叙话，两人面对面地吞云吐雾起来。有些东西可以学，有些东西却终究也学不会的。在同事们还懵里懵懂时，他就已经在主管面前鞍前马后，博得主管满心欢喜。而工作再认真努力，那可是你们应尽的职责、应做的事啊。

于是，主管看他越来越顺眼，越来越称心，张口闭口是他的名字。不久，主管高升了，老张很自然地顶替了他的位置。同事们眼睁睁地看着他平步青云。

白领突击：

如果你想在办公室脱颖而出，沟通不失为一种成功之道。金子掉在灰堆里，未必能闪光。一个有能力的公司普通职员，要在高级写字楼鱼贯而入的人群中脱颖而出，要在那么多表情相似的"精英分子"中独树一帜，让上司的目光，越过众人和高高的隔断板落在自己的身上，这不是简简单单的邀宠。对事业上的可塑之才而言，这是迈向成功的第一步。现代的老板有着独特的目光，阿谀逢迎，谄媚作态，即便引起上司的注意，也只能是那些平庸的老板。要知道，当今老板的眼光，可不是"对面的女孩"，会轻易地看过来。

所以，一旦你与上司有了很深入的沟通，你就会觉得你们更像是工作伙伴而不像是上下级。作为工作伙伴，上司会托付你更多的责任，使你事业有进步，工作更满意，你离晋升也就不远了。

使自己变得不可替代

　　自然界的玫瑰鲜艳芬芳，激情奔放。如果将白领比作雅洁甜美、馥郁袭人的玫瑰，那么，怎样才能做到常开不败呢？

　　公司里，老板宠爱的都是些立即可用，并且能带来附加价值的员工。管理专家指出，老板在加薪或提拔时，往往不是因为你本分工作做得好，也不是因为你过去的成就，而是觉得你对他的未来有所帮助。身为员工，应常扪心自问：如果公司解雇我，有没有损失？我的价值、潜力是否大到老板舍不得放弃的程度？一句话，要靠自己的打拼和紧跟时代节拍的专精特长，让自己成为一个不可替代的人，这一点至关重要。

　　一位成功学家曾聘用一位年轻女孩当助手，替他拆阅、分类信件，薪水与相关工作的人相同。有一天，成功学家口述了这样一句格言："记住，你唯一的限制就是你自己脑海中所设立的那个限制。"当她把打好的信件交还给这位成功学家时，她说："你的格言使我得到了启示，对你、我都很有价值。"

　　对此，成功学家并没有怎么在意，但对女助手就不一样了。从那天起，她把这句格言深深地刻在了自己的心里，并付诸行动。她开始比一般的速记员提早来到办公室，而且在用完晚餐后又回到办公室，从事不是她分内而且也没有报酬的工作。譬如替老板给读者回信。

　　她认真研究成功学家的语言风格，以致于这些回信和自己的老板一样好，有时甚至更好。她一直坚持这样做，并不在意老板是否注意到自己的努力。终于有一天，成功学家的秘书因故辞职，在挑选合适人选来填补这个空缺时，成功学家很自然地想到这个女孩。

在没有得到这个职位之前就已经身在其位了，这正是女孩获得提升最重要的原因。当下班的铃声响起之后，她依然坚守在自己的岗位上，在没有任何报酬承诺的情况下，依然刻苦训练，最终使自己有资格接受更高的职位。

故事并没有结束。这位年轻女孩能力如此优秀，引起了更多人的关注，其他公司纷纷提供更好的职位邀请她加盟。为了挽留她，成功学家多次提高她的薪水，与最初当一名普通速记员时相比已经高出了4倍，对此，做老板的也是无可奈何，因为她不断提升自我价值，使自己变得不可替代了。

白领突击：

目前，无论你从事哪一项工作，每天一定要使自己获得一个机会，使你能在平常的工作范围之外，从事一些对其他人有价值的服务。在你主动提供这些帮助时，你应当了解，自己这样做的目的并不是为了获得金钱上的报酬，而是为了训练和培养更强烈的进取心。

你必须先拥有这种精神，然后才能在你所选择的终身事业中，成为一个不可替代的人物。

当然，要想在职场中经久不败，除了使自己变得不可替代之外，你还应该注意以下几点：

1. 善于表现、适时邀功。

不要害怕别人批评你喜欢表现，喜欢邀功，而是担心自己的努力居然没被人看到，才华被埋没了。想办法做个"有声音的人"，才能引起老板的注意。向老板汇报，要先说结论，如时间允许，再作细谈；若是书面报告，不要忘记签上自己的名字。除老板以外，还要将成绩设法告诉你的同事、下属，他们的宣传比起你来效果更佳。

2. 忌发牢骚。

《组织行为学》的理论说，人在遭受挫折与不当待遇时，往往会采取消极对抗的态度。牢骚通常由不满引起，希望得到别人的注意与同情。这虽是一种正常的心理"自卫"行为，但却是老板心中的痛。大多数老板认为，"牢骚族"与"抱怨族"不仅惹事生非，而且造成公司内部彼此猜疑，打击团体工作士气。为此，当你牢骚满腹时，不妨看一看老板定律：一、老板永远是对的；二、当老板不对时，请参照第一条。

3. 寻求贵人相助。

贵人不一定身居高位，他们在经验、专长、知识、技能等方面都比你略胜一筹，也许是你的师傅、同事、同学、朋友、引荐人，他们或物质上给予、或提供机会、或予以思想观念的启迪、或身教言传潜移默化。有了贵人提携，一来容易脱颖而出，二来缩短成功的时间。

4. 不要将矛盾上缴。

多年前，一些资深前辈曾告诫我们,向领导汇报时要切记四个字"不讲困难"。记得当初不屑一顾，后来才逐渐悟出个中道理。传说，古代信使如连续报来前线战败的消息，就有砍头的危险。老板每天都面对复杂多变的内外部环境，要比员工遭遇更多的难题，承受更大的压力。将矛盾上缴或报告坏消息，会使老板的情绪变得更糟，还很有可能给他留下"添乱、出难题、工作能力差"的负面印象。

如果你能保持这些优点，你的同事会重视你，你的老板也会肯定、奖励你。虽不能一夕成功，却也绝无永远失败的顾虑。

[在跳槽中
升段]

　　"跳槽"的概念，从"白领"出现的那一刻起也逐渐被世人所熟悉。因为，在现今这个一切都处在变化中的社会，没有绝对稳定的职业或绝对稳定的福利保障。虽然白领们在承受着繁重工作压力的同时拥有稳定的收入，但他们发现自己所从事的职业让其极其痛苦，或者感到自己的职业规划一定要有所改变，所以，他们选择了跳槽。

　　在激烈的职场竞争中，白领变得越来越理性了，但这并不意味着可以没有一些新的想法。所谓"良禽择木而栖"，谁都希望寻到一个更适合展示自身才华的机会，白领们更不例外。

　　根据美国的一项数据统计，美国每个月换工作的人数约在80万左右。越来越壮大的跳槽一族，把换工作视为寻求自我提升与突破的有效渠道。比照世界上公认的人才流动率非常低的日本，中国的人才流动频率还不算快。

　　日本人平均每个人在职业生涯中换工作的次数将近4次，在中国，只有2.3次。人往高处走，想换工作，无可厚非，不过一定要经过深思熟虑。

　　跳槽对职业发展而言，是一把双刃剑。一般情况下，跳槽是激发职业发展潜力的良好机会，但过于频繁地更换单位或者工作，却不利于专业经验和技能的积累和提高。跳槽不应只是对高薪或高职位的追逐，还应是对职业生涯的进一步追求。

范晶从复旦大学世界经济专业毕业后，供职于一家外资会计师事务所。虽然专业不是很吻合，但公司有着很好的培训机制，她得以很快进入工作状态，3年后，她已经可以单独带领一个团队进行运作了。

其实，在会计事务所的几年中，范晶一直都有换工作的机会。不过，她认为在还没有完全吃透自己所从事的工作之前，并不适合跳槽。

3年下来，当她认为自己已经可以完全胜任现在的工作，可以考虑再换别的工作岗位时，猎头公司为她提供了一个全新的工作机会：一家知名英资公司的业务分析师。

"这次去面试，跟刚毕业时的心态是不一样的，因为我本身有着一份不错的工作，所以很放松、很真实地表现了自己。可能就是这种放松的心态，让我最终赢得现在这份工作。"

"换工作自然是想换个更好的，我不会勉强自己，既然双方都很满意，我满意公司提供的各种机会，公司也很满意我的能力，所以我能拿到这份薪水也是必然的。"

与第一份工作不一样的是，虽然工作已经转型，但这次范晶只花了半年时间就可以做到在工作中游刃有余，整整缩短了一半时间。

范晶之所以能够跳槽成功，正是因为她对待工作的踏实态度，让她在无意中积累了很多学习的经验，就算是转型、改行，但经验总是相通的。如果以后再换工作，她的适应期可能会更短。

白领突击：

跳槽，在现代化的职场竞争中，无疑意味着重新获得职业生涯进一步发展空间的契机和必要手段，但是同时要采取稳扎稳打的方法，即跳槽前要预先测量和明确自己的职业竞争优劣势，职业倾向性和满意度，了解职场发展的趋势以及相关行业、企业、职业种类、工作职能的现有要求和发展趋势，并在其间找到真正的契合度，才能使跳槽让成功变得必然，这也是永远不用面对职业危机的唯一方法。

让加班
不再痛苦

"晚上一起吃饭？"

"不行啊，要加班。"

"黄金周去哪里玩了？"

"哪都没去，加班呢。"

这或许是千千万万上班族之间最为平常的对话，而对话的核心——"加班"，却几乎成为身处现代都市人推掉"闲暇娱乐"、无缘"游山玩水"最为普遍、最被接受、最令人无言以对的"绝对性"理由。

对于"你经常加班吗？"这个问题，近7000名都市白领中，64%"经常加班"，27%"偶尔加班"。从每次加班时间来看，2小时以上的多达78%，而超时加班能获得补贴的员工只占17%。

多么可怕的数字，90%以上的职业人遭受加班的困扰。更可怕的是，他们中的大多数，都是在公司没有明令要求的前提下，"主动"要求加班。在这些数据里，究竟包含着多少男男女女的违心与无奈？

当加班光荣成为笑谈时，它却已经不知不觉地成为都市人生活的一部分。如今，没有人可以对它视而不见，无论你抗拒也好，厌恶也罢，加班已经实实在在地走进你的生活。对于身边的加班一族，人们无法再"哀其不幸，怒其不争"，取而代之的是习以为常。

调查发现，六成员工之所以"自愿加班"，主要是出于"三怕"：一怕丢了来之不易的饭碗；二怕在与同事的竞争中处于下风；三怕影响自己的事业发展。在"自愿加班"的员工中，有近半数是出于竞争而被迫"加班"，或是想通过加班博得老板的赏识。

一面在痛斥着加班的罪恶，一面又在表现着加班的"热情"，造就了现代职业人充满矛盾的"加班宿命"！无论带来什么回报，对青春、对健康、对家庭的透支都是代价。

当然，并非所有的加班族都不幸福，都被透支。

白领突击：

一个不可否认的现象是，今天的成功者往往都在年轻的时候，付出了超出常人的努力与艰辛。他们中的大多数也都曾经每天工作15个小时，甚至他们已经不再年轻，却还神采奕奕。其中的秘密究竟在哪里？

1. 内在的动力。

内心的动力可能来自于兴趣，也可能来自于信念。而通常加班所带来的危害，除了超过了生理承受力之外，更多的是来自心理的内耗，也就是动力都被消磨怠尽。

因此，如果你无法摆脱加班的命运，就一定要好好保养你的内在动力，知道自己想要的究竟是什么，做那些适合自己的事情。归根到底，是职业方向定位的问题。

2. 成熟的处事方法。

这里所说的成熟是知道该做哪些事，知道该如何拒绝别人，更知道如何提出要求！在职业发展的过程中，并非有能力者都取得非凡成就，我们看到太多能力不错的年轻人，被大量的垃圾工作、人情世故等所困扰，被动应对各种情景，心力憔悴，工作效率低下，成绩也时好时坏。如果同时工作强度很高，人不垮才怪！

人在职场，就不可避免地会遇到加班。有时候为了赶一个项目，会连续几天加班甚至通宵；有时为了完成紧急任务，也会加班……加班虽然是件痛苦的事情，但只要我们学会调节自己，就会在加班中找到快乐，让我们为加班痛并快乐着吧！

给自己一个
"缓冲地带"

某公司销售经理陈先生，眼看要成功洽谈成一笔业务，而在上周，对方提出苛刻的要求，让陈先生觉得"受之不可，弃之不能"。

业务受阻之初，陈先生召集了几名资深干将，加班加点，讨论应对方案，等"优势策略"出台，客户又临时变更了部分条件，这让大家面面相觑，一时士气低落。

上周末，陈先生宣布，让大家正常休息。"可能我们太过于重视这个问题了，还未看清其价值基础。"他建议，先把问题晾起来，过段时间再做决策，陈先生决定采用"冷处理"的方法，可客户却主动做出让步。

"心急吃不了热豆腐。"陈先生说，"有时，趁热打铁的工作方法并不合适，把矛盾放一放，冷静地观察和思考，或许它就能自动化解。"

将棘手的问题暂时放下；一天的工作，在脑海里"放电影"，对次日的计划做"预习"……职业白领总是在紧张和忙碌中，刻意留给自己一个"缓冲地带"，这往往能让工作事半功倍。

某广告公司设计部程芳总是能准时上下班，完成工作绝不拖泥带水，看着她干练的样子，同事们好不羡慕。

"其实是些小技巧帮了我的忙，我每天抽时间做'复习'和'预习'工作。"程芳说的"复习"，是将一天的工作在大脑里"放一遍电影"，梳理收获和纰漏；而"预习"，就是将次日的计划列出，再适当安排。整个过程也就十分钟左右，但工作效率大为提高，即使第二天临时有变，也能有备而来。

程芳说，每天的点滴总结，可以更好地积累经验，尤其是"摔跤"之后，更要善于总结思考，以免拖沓不决，打乱工作节奏。"勿以善小而不为"，道理都明白，但坚持的确不易。

白领突击：

现代社会提倡保持距离。保持距离就是留有缓冲地带。如果时间太紧或者彼此挨得太紧，不仅仅不会成功，结果往往事与愿违。所以，不论你是办事情，还是与人相处，最好还是有一个缓冲地带的好。有了缓冲地带，你才能真正了解和认识事情的真相，才能把握主动权，做到事半功倍。

别让借口
绊住你

借口这个东西约等于理由。当一个人不愿意、不想做一些事情的时候，就会找出无数个借口。在职场上，推卸责任、转嫁过失、拖延、自欺欺人随时随地都在发生，围绕这些行为，又衍生出很多看似冠冕堂皇的借口在办公室当中流行着。比如：业绩做得不好时，把失误推脱在公司的管理、制度或上级主管领导的失误上；业绩做得好时，恨不得把功劳一肩扛。

下面是我们在职场中经常听到的几种借口，希望对大家有所警示。

1. "我现在很忙，等下周吧。"

"现在很忙，等下周吧。"是典型的拖延型借口。如果一个人的工作进度是按时间表规划好的，那么他会在接受任务时告诉你这项工作为什么目前不能做，手边有什么事情，大概会在什么时间段来操作这个项目。你会发现你的周围有很多这样的员工，他们信誓旦旦，言之凿凿，把本来可以在短时间内完成的工作拖到以后。

2. "我太忙，给忘了。"

上帝都不能惩罚一个因过度劳累而忘掉一件事情的人。但说这句话的人，真的忙到了那种程度吗？事实上，当我们觉得一件事情重要到必须记得时，我们一定会通过各种方式把它记起来的——拜托同事提醒，或依靠高科技的手机、电脑来报时，再不行，一张小小的记事贴就能解决问题。忘了的前提是忙，潜在的意思是告诉大家，我忘记了这件事是因为我在为其他的事而努力！其实冷静想想，这两者之间实在没有真正必要的联系。

3."我很难和他合作。"

沟通是每一个职场人都应该具备的基础能力。当一名员工总是把自己工作中的不顺利归结在别人身上的时候，也许已经意识到自己的能力乏善可陈，尤其是当另外一个人提出了比较尖锐或敏感的问题，凭自己的经验已经解决不了，又很难回避的时候，往往就会很无奈地拿出这个借口。像鸵鸟一般地把头埋进沙子里——天塌下来，问题也出在别人身上！

4."这件事跟我没关系。"

如果我用"嫁祸他人以减轻自己责任"来诠释它的含义，你不要觉得太过分。事实上，很多人板起脸来显得与世无争时往往掩盖了他最真实的意义。无论在哪一家公司，骄人的业绩都来自团队每一个部门、每一个人的紧密协作，而出现问题在某一个结点上也会影响全局。如果问题出现时我们都说与我无关，相信颓废之风马上遍地开花。

5."事先没人告诉我。"

我们这里说的，不是预先不通知你开会而追究责任这种事情。事先没人告诉我的借口，往往也是在工作失误浮出水面之后。比起事不关己的彻底逃避型，喜欢用"事先没人告诉我"来推脱责任的人更容易一脸无辜地来为自己开脱。事先没人告知，不代表你不应该就有疑点的事情进展探索与询问，核实之后再下定论。这个借口的前戏是敷衍行事，而后戏就是出现问题把矛盾指向那个事先应该告诉你的人。

白领突击：

编造借口，其实主要是为了推卸或减轻自己的责任。现实中，没有任何一种借口可以站得住脚，职场白领要想在职场上有所收获的话，请搞清这些借口的真正含义，当它们在舌尖上打转时，合格的职场白领是不会让它们蹦出来的。那么，究竟怎样才能避免借口呢？你不妨试一下"紧张与秩序"的方法。

一般人认为紧张是不好的，安闲和宁静才是我们应该追求的目标。这种说法其实不正确，因为一个人如果一天到晚一点都不紧张，那么就什么事情也做不成。就像机械手表之所以走动，是因为上紧了发条，否则就会停止转动。

人应该保持一定的紧张，这是一种积极的精神状态，积极的紧张有很多形式，如必须赶在某一期限来临前完成工作，认识到你的工作将受到评定等。这种压力可以把人内在的优秀特质引发出来，迫使你们尽可能有效地运用时间。

良好的管理意味着秩序，你与下属、上司、同事之间应该建立起一种合理的积极的紧张关系，而良好的管理也包括给自己施加一些工作压力。例如，对一件一直都在拖延的工作，可以公开宣布说，要从现在开始办这件事情了。这就是给自己施加压力的一种方式。其实，职场上任何借口都是徒劳无益的，因为你给出什么样的借口，你就会失去什么程度上的成功！

勿闯职场 "死亡线"

在职场竞争中，拥有美丽的外表，的确是个优势。漂亮的同事，看上去让人赏心悦目，可以提高工作效率。在外企招聘新人时，同等条件下，也是通常优先录用在外貌上分数较高的人。但在平时工作中，公司更注重员工的职业能力、工作态度和团队合作精神。如果一个员工把美貌当作引以为傲的资本，不尊重他人，一天到晚勾心斗角、作天作地，搅得部门鸡飞狗跳，不仅不能完成工作业绩，还会影响正常的工作秩序，这样的"美女"结局自然不妙。

美娜天生丽质，气质不俗，同样的衣服，穿在别人身上普普通通，穿在她身上却摇曳生姿。大学时代，"美"名远播的她，身后的追求者排上两条街还得拐个弯。异性心中的宠儿，美貌与智慧并重的罗伊小姐，进入职场后，却摔得鼻青脸肿。

毕业后，美娜进了一家外企，每天衣着光鲜地出入高档写字楼，看上去挺风光的。没想到，还不到半年，她就跟这份工作bye－bye了。究其原因，她认为是公司里那些女员工全都嫉妒她，故意跟她过不去！

首先是美娜的女上司，对她好像很看不惯，事事刁难她，还联合其他同事一起孤立她。美娜在学校里，是被人宠惯了的，哪受得了这份气？美娜以牙还牙，于是她也开始对女上司十分冷淡，除了工作需要，从不跟她多说一句话，更别提露个笑脸了。结果女上司怀恨在心，没过多久，就请示上头，把美娜调到别的部门去了。美娜知道，她是嫌自己年轻漂亮，抢了她的风头。

到了新部门，刚开始还风平浪静，但问题很快又出现了。有个女同事在工作中总是不肯跟她合作，喜欢有事没事地找茬，还在背后叽叽咕咕讲她的闲话。直到有一天，美娜终于爆发了，和她大吵了一架，全公司都被惊动了。外国老板很生气，把她们叫到总裁办公室问话。见了老板，她们都忍不住大哭起来，边哭边诉说自己的委屈，用的还是结结巴巴的英语，那个场面真是热闹！出了这口气，美娜知道自己也待不下去了，第二天就递交了辞职信。

白领突击：

职场中，上司多认可的是你的工作业绩，而不仅仅是你的美貌。所以，无论你多么美丽，都要及时调整心态，以平等的态度与同事共处，主动营造和谐的工作气氛，切忌无端猜疑。美丽不应该是负担，而应该成为一种动力。

其实，美丽而又干练的职业女性数不胜数，英国首相撒切尔夫人、惠普的女总裁卡莉·菲奥莉娜，不都是典型的例子吗？美丽是一种优势，但决不是最重要的成功因素，希望美丽的白领女性淡化对美貌的关注，以更好的职业精神投入到工作中去。

掌好人生
方向盘

我国曾有句古话：女怕嫁错郎，男怕入错行。如今，这句话的后一半问题在工作压力大的白领中尤为明显。不少职场白领都面临着同样的困惑，那就是：我究竟是不是适合这行？我该如何转行？

人生的道路要跨过很多沟沟坎坎，自古就有山路十八弯之说，我们职业发展的道路也一样，没有任何人在职场的发展道路上一帆风顺，总会遇到那么几个弯和几道坎，稍有把握不住转弯的力度和角度，职业列车便会偏离轨道，与我们的目标距离将会越来越远。

刘先生今年32岁，在某重点高中手执教鞭已经有8个年头，最近几年带的都是毕业班。学校是所重点中学，升学率很重要，刘先生几乎处在"连轴转"的状态，压力很大，颇感心力憔悴，难以承受。最近更是惊闻某毕业班教师由于太辛苦而猝死。

刘先生想到了转行，可是他又心有忧虑，自己一直是一介书生，从头再来，还能适应这个复杂的社会吗？可是，若是一直站在三尺讲台，更是感觉人生灰暗无望。

后来，刘先生在专业人士的建议下，进行了一系列的自我剖析和理性规划，对自己的爱好兴趣、职业倾向等各方面都进行了分析，最终下定决心要转行。转行后的他，如今在一家教育类的杂志社当起了记者编辑。这份工作与他原来的教育工作经历相关，同时又相对稳定，工作压力相对适中，基本实现了转型成功。

白领突击：

通俗地说，转行一般有两种，如果所转的行业与你原来从事的工作在客户群、工作方式上有一定的关联度，则可视之为小转行；如果转到风马牛不相及的一个全新行业，那就是大转行。不管是小转还是大转，如今，职场白领中考虑转行的人越来越多了，遭遇困惑者也非常多。总结成功者的经验，影响转行成败的因素主要有7个方面：

1. 剖析自我——认清自己的优势和不足。

假如不能准确地为自己定位，不清楚自己的强项弱项，只是盲目跟风或跟着感觉走是绝对不行的。要掂量一下自己的职业含金量，我的优势在哪里？这些优势是否足以帮助我在新的行业站稳脚跟？我的弱点在哪里？有什么方法可以尽快提升？

2. 看清行业——看清目标行业的发展趋势。

主动、全方位地了解目标行业现状和前景，毕竟朝阳行业才更有前途，也能给你这位新人更多的机会。俗话说隔行如隔山，不能仅仅靠报纸或者杂志介绍，比较理想的做法是向目前已在该行业供职的朋友打听，以便获得可靠消息，打听的内容包括升迁制度、薪资状况等各个方面，多多益善。

3. 找准方向——找准职业定位和发展方向。

这是避免盲目转行最重要的一条。要先行挖掘自己的职业气质、职业兴趣、职业能力结构等方面的因素，找到自己的职业潜力集中在哪个领域，只有找准方向才能最大限度地发掘自己的潜能。

4. 寻找匹配——看自己与新行业是否匹配。

在自己与新行业之间寻求共同点。一般来说，知识技能、客户群、工作内容三方面中有一方面有共同点就也就等于有了转行的基础，比如原本是做销售职位的，从日用品改行做医疗器械，虽然行业变动了，但工作内容相似，就比较好上手；或者自己的专长、兴趣与目标行业有一定的关联性，也是转行的基础。

5. 找到入口——找到最佳的转型切入点。

确定要转行之后，还要找到一个切入点，这是决定你能否走稳走对转行第一步的关键。找准切入点不是件容易的事情，这需要你对新行业、新专业的知识与技能有足够的掌握，对新行业产品信息有充分的了解，还要懂得使用高效、专业的求职方法，合理利用身边的一切资源。

6. 卧薪尝胆——适应期避免患得患失。

患得患失得不偿失。转行不同于跳槽，跳槽可以为新企业在短时间内创造价值，而转行的人往往需要一段的适应期，卧薪尝胆，而缺少耐心、没有放平心态就使许多转行者半途而废。

转行就像另选树干，有一个退下来的过程，在这一过程中，收入的减少和职位的降低在所难免，但只要方向正确，这一现象只是暂时的，超越旧有职位与薪水也只是时间问题。反之，如果半途而废，其代价也是惨痛的，即使想要再转回原行业，是否还有空缺或获得原来的报酬和地位就很难讲了。

7. 果断行动——当机立断采取行动。

在原有领域走得越远，转行的难度也就越大。一旦确定了必须转行，那就不要再犹豫，因为等待、观望的时间越长，付出的代价也就越大。这个时候，建议不妨可以换个角度思考问题，把这一切都看作是投资，你并不是在换工作，而是在对一新领域过行投资。捷足先登者自然收益越大。

　　机遇只垂青有准备的人，转行更是如此。职业发展的阶段性决定了职场不会给你更多的时间来适应和犯错误，而职业生涯的不可逆性也决定了转行只能成功，不能失败。转行一定要慎之又慎，在转行前，不妨掂量一下自己，上述7大要素做到了多少。切记，要想转行成功，就要在转弯处掌好自己的方向盘。

潇洒
挥别过去

小天想辞职了。很简单，有家公司开出了比现在高三分之一的工资。有同事对他说："这两年你为公司做的贡献大家有目共睹，就这样走了岂不可惜？"

小天不觉可惜，正所谓人往高处走水往低处流，既然有了好去处，不抓住机会那才可惜呢。小天来公司两年了，很勤勉地工作，有几个大客户都是小天争取的。老板对他很满意。所以，小天递上辞职信时，老板感到很意外，挽留不住之下，叫小天结清宿舍的房租再走。虽然钱不多，可小天是越想越不服气，四处对人说老板的坏话，结果惹火了老板，吵了起来，不欢而散。

小天服务的新公司原来是一家没有实力的空壳公司，小天过去没有一个月就倒闭了。那段时间小天很落魄，重新找工作时，他真正尝到了艰难的滋味。

这是好些年前的事了。两年前，小天又一次跳槽了。这次，小天老老实实按照公司的规矩办妥移交手续，还专程上门拜访了老板，谦虚地承认自己跳槽给公司造成的影响，请求老板的原谅。老板送他出门时，特意叮嘱说："以后有什么需要尽管来找我。"

又如前一次跳槽一样，小天服务的新公司很不理想，只好跳出来自己开了间小公司。虽然小天有管理经验，也熟悉不少的客户，可公司还是走到了几乎倒闭的关口。小天说："当公司出现严重的资金不足时，是我后来服务过的老板伸了援手帮我渡过了难关。"现在，小天的公司已步入正轨，生意日渐红火。

跳槽在现在的职场是很平常的事情，但好聚好散真的很重要，不要耿耿于怀自己为公司付出了多少，刻意将自己的成绩放大。你的辞职，意味着老板愁着顶替你的人，也正心痛着。如果吵一架再走，你可能得一时痛快，但这一念之差，你将失去的可能就是无数次的机会。

白领突击：

对于出入职场的白领来说，每一次失败的职业经历，都会造成对老板的不满与抱怨，这是不成熟的职业心态所导致的。成熟的职业心态会告诉你，你的每一个老板都给了你或多或少的帮助，心存感激之心，或许会有意外的惊喜。所以，当你在一家公司已经干腻了，又找到了一份称心如意的新工作，在等待交接的日子里请注意保持自己一贯的工作作风，善始善终，保持你的名声，体面地离去。

尤其是当你所换的工作仍属本行业或是你仍然在原来的城市工作，以下几点提示或许有助于你从容有序地、体面地离去。

1. 准时上下班。

不延长午餐时间，像往常那样工作。因为这段敏感期你稍有不慎，可能会引起别人议论你一贯懒散，不称职。

2. 在最后两周内不要利用工作时间给亲朋好友打电话，最忌讳在电话里炫耀自己已另谋高就或炫耀自己的新工作如何如何优越，你如何如何满意，有些必打的电话应该在私下悄悄打，而且不宜张扬。你的同事不喜欢看到你得意忘形的样子。

3. 忌提前或不负责任地撂担子。

要把最后两周看作是在该公司供职的毕业考试。把你的工作职责和客户开出一份清单，把有关的文件信函清理分类，尽可能地给将要取代你的人提供最大的便利。在可能的情况下帮助你的接替者熟悉工作，将手头正在进行的各项工作交接清楚。

4. 对任何人都不表示异议。

不指责、不否定，特别对你的上司，还有那些迟早会拿捏权力的同事。你内心很想一吐为快，出一出长期以来积压的怨气。但明智的做法是管住你的舌头，给人们保留良好印象对你今后的工作是十分有利的。

5. 不要主动提建议。

你也许好心地想在离开时向上司提些建议，但你既然辞了职，在上司的心目中就不再是真正的雇员，你的建议或评论很可能会引起他的误解。

6. 不要在任何人面前抱怨。

不要在任何人面前抱怨自己在这里得到了不公平的待遇，也不必讲自己多有能力，付出了太多，报酬却微不足道。甚至预言一旦自己离开公司，上司会发觉损失有多大。你要把情绪封存起来，准备把精力投入新的工作。必须明白：人走茶即凉。不论你如何能干，人缘多好，人们也不可能完全站在你的角度理解应和你，相反，这些话如传到当事人耳朵里，反而会引起对方的怨恨。

增强自身"免疫力"

职场中的人只是为工作目标走到一起的工作伙伴，不要奢望每个人都对你掏心掏肺。人无利，沟不通。在遭受冷暴力侵袭时，不妨多反思反思自己的不当之处。无论是来自上司还是同事的冷暴力，增强自身"免疫力"也是非常关键的。那么，究竟怎样才能增强自身的免疫力呢？心理专家给出了这样的建议：

1. 要对自己有信心。

"冷暴力"其实就是一种非言语、无身体接触式的交流，是一种在意念中的交流，最后实际上是被自己的意识击倒，倒不一定真是被对手打败。张勇就是一个典型的例子，他与上司之间可能更多的是在用行为、眼神、身体姿势交流，彼此言语沟通的机会太少。如果张勇把冷暴力当作一次考验：上司是故意冷落自己，给自己一个成长锻炼的机会，不给自己过多的心理暗示，结局也许不会这样。但张勇却完全被自己的负面情绪击倒，对自己失去了信心，没有去积极地影响上司或者本能地保护自己。

2. 大胆沟通。

大胆地去找上司，并不是说要和上司吵架。抓住时机，主动和上司来一次长谈。首先要自信和真诚，不能对自己说丧气话，否则你在气势上就已经被上司压倒了。但同时要让上司明白，你是渴望和他好好相处的，只是你们之间有误会或者其他的事情没有得到及时处理，所以造成了彼此交流的障碍或不快，希望借这次谈话，能够疏通双方。当然要做好沟通不成的准备，以免对方的反应让你一时难以接受。因为你有沟通的意思，对方却不一定有和你沟通的义务。

3. 不要乱揣测。

被上司"干晾"起来的大伟，已经厌恶去办公室，他和领导的冷战已经是持久战了。其实遭受上司的冷遇，一定是你在某方面做得不让上司满意，即使是误会，错的也一定在你。不要过多猜测领导的做法和意图，上司只是用冷淡来提醒你，希望你自己去"悟"，他在等着你主动承认或改正错误。当然，如果上司彻底不听解释，也没给你机会，那也就基本等同"劝辞令"了。

4. "以暴制暴"。

一般认为，当上司有"暴力"倾向时，你要及时地说"NO"。有的人之所以挨打被欺负是因为他天生就是一副挨打相，天生就懦弱。在遭遇暴力时一定不要示弱或露出软弱的一面，否则对方会认为他就是该对你"施暴"，你也就是该"受虐"。

一个巴掌拍不响，如果"不结盟"和"冷暴力"自己可以一点过错都没有的话，那么受到同事的孤立就必须要反省一下自己了。一般来说，和他人相处不好，一个人两个人可以理解，但是大家都孤立你的话，这是对你很大的否定，不管你的能力强遭人妒忌也好，你自认清高不屑与他人为伍也好，你总有自己不对之处。

小林来这家地产公司时间不长，就发现部门里派别众多，一伙是单身同事，下了班不是呼朋唤友"斗地主"，就是撺掇各种饭局聚会。另一伙就是妈妈级人物，谈论的话题无非是老公和孩子，还有钱又多了少了之类的话题。还有一伙就是更年轻一点的女孩们，一有空就聊衣服聊美容。小林生性腼腆，人也比较刻板，他对这些各自为政、拉帮结派的圈子毫无兴趣。每每中午吃饭时，小林总是形单影只。同事们在一起聊得热火朝天时，他却插不上话。一次午休时，办公室同事一直有说有笑，等小林推门进来，立马戛然而止。此刻的小林备感失落和尴尬。

大陈在一次业务例会上，和同事因推广方案意见不和而发生了争执。大陈语气咄咄逼人，言辞激烈。会后，也没有及时向同事道歉，他觉得这不过是正常的工作探讨，有点小争执在所难免。但同事却是十分在乎，对大陈也是冷眼相向。没想到冤家路窄，公司新成立的项目小组要由他俩牵头，工作需要密切配合，一想起同事那不屑的眼神，大陈心里也是十分惴惴不安。

白领突击：

身处职场，每个人都不免会遭遇冷暴力，所以当你正处于这种尴尬境地时，首要条件就是心态平和。带着愤怒、委屈的情绪，会令人失去基本的判断力，做出冲动的行为。你要积极地去寻找原因，并针对原因去选择解决问题的办法，这样才能避免在职场中遭受冷暴力。

掌握绕道 的技巧

　　一般来说两位男性在办公室针锋相对，互不相让，可是在下班后，他们却会一起去小酌一番或一起打场篮球。这时女同胞们可能会不解："他们怎么能在大战一场之后，又称兄道弟呢？"的确许多女性在同样的情况下，可能会对会议上的冲突耿耿于怀，好长一段时间跟对方讲话都觉得不自在。而女性则常常把个人的感受也牵涉其中，但通常没有这回事。所以我们必须要学会就事论事，尽可能地将个人情感与工作分开。

　　工作中，艳是个认真负责，反应迅速，有毅力，有思路的职业女性。她的工作成绩突出，业绩骄人，是领导和同事有目共睹的。然而，艳有个最大的弱点，就是太看重别人的看法和反应，尤其是男同事，特别怕在工作中输给他们，在考虑问题时不够理智客观，顾虑太多，考虑别人太多。如果看到别人脸色不好看时，无论是上司还是下属，她都能够迅速做出反应，立马解释为什么要这样做。其实，有些事情是无需解释的。否则，反倒使本来挺简单的事情变得复杂了。后来，单位调整了几次干部，提拔了几名职员，也都没有艳。理由是她太看重别人的看法了，和男同事相处不融洽，太好胜又缺乏主见，一个连自己性格都管理不好的人，如何去管理下属呢？

白领突击：

女人是感性的，男人是理性的。这话虽然有些绝对，但也不无道理。大多数的女人在职场，感性总是多于理性的。这被大多数男性所不能容忍，认为是妇人之仁。但有时候，就是因为女人的感性，所以获得了与男人不一样的灵感和收获。

而"人挡杀人，佛挡杀佛"几乎是所有男性共有的性格。他们言行强硬，对事对人都不会留情面的，就像一部推土机，凡阻挡去路者，一律铲平。虽然，这种凡事"先发制人"的人，在事业的初始阶段可能会取得一些成效，但是由于他们攻击性过强，不懂得绕道的技巧，让女同事，尤其是爱面子的女同事一般很难接受。

[先入为主
定输赢]

人们是否愿意成为朋友，或者成为哪种朋友，一般来说在第一次接触的头4分钟就已经有了答案。当你在社交场合中遇到陌生人，你应把注意力集中在他身上4分钟。很多人的生活将因此而改变。

心理学家曾以大学生为研究对象做过一个试验。他让两组大学生评价对一个人的印象。对第一组大学生，心理学家告诉他们这个人的特点是"聪慧、勤奋、冲动、爱批评、固执、妒忌"。很显然，这六个特征的排列顺序是从肯定到否定；对第二组大学生，心理学家所用的还是这六个特征，但排列顺序正好相反，是从否定到肯定。结果发现大学生对被评价者所形成的印象高度受到特征呈现顺序的影响。先接受了肯定信息的大学生，对被评价者的印象远远优于先接受了否定信息的第二组。

这就是我们所说的首因效应。就是说人们根据最初获得的信息所形成的印象不易改变，甚至会左右对后来获得的新信息的解释。实验证明，第一印象是难以改变的。因此在职场人际交往过程中，尤其是与别人的初次交往时，一定要注意给别人留下美好的印象。

职场人际和音乐是一样，是由我们的第一句话或第一个动作开始的，这第一句话或第一个动作往往就为全部交往过程定下了基调。如果你与一个人的交往是从扮演丑角开始，那么以后想把这种交往改变成其他的角色，就相当困难，对方很难认真对待你。我们来看看常见的两个场景：

场景一：

小杨是外贸公司的职员，第一天上班，早上6点就起床了，挑选了衣柜里最贵最正式的一套职业装，精神抖擞地出了门。

但是意外很快出现了，人力资源部经理把她领到她所在的外联部后，就没再搭理过她，部门里也没有一个人抬头看她一眼。小杨感到非常失落，一脸沮丧，也就呆坐在那里，没找任何人搭话。

这时部门经理注意到了她，对她说："饮水机的水要换了，还有，你能不能帮大家交一下手机费，他们太忙了，你去吧，回来的时候可以给大家买好午饭，就要楼下必胜客的比萨吧。"小杨马上一脸的抱怨和委屈。而此后她还真慢慢地成了办公室可有可无的人。

场景二：

小李是某公司公关部职员，开始他总觉得对工作要积极主动，所以经常向同事问问题，"文件在哪里？""我们部门有多少人？"但是他发现，有些同事对他的态度特别冷淡，领导也总是说："你自己琢磨琢磨……"后来他干脆少说话，多办事，领导让做什么，他就做什么，可这样似乎也没有得到领导的关爱。

显然小杨和小李在第一印象的塑造上是失败的。毫无疑问，出入职场的人，做事缺乏主动肯定不会被领导青睐，但是过于好问也会惹人烦。企业和学校有很大的不同。在学校，老师的工作就是传道授业解惑，所以学生可以"揪着"老师不放，但是在公司，很多问题都需要在工作中边做边学。职场中，人们总讲究一个悟性，就是说，很多事需要自己观察，自己体会，因为别人都有自己的工作，不可能总是充当你的老师。

上班的第一天，就有很多人会担心别人会怎样看自己，把自己想象成什么样子，但他们几乎没有意识到：别人对我们的看法在很大程度上取决于我们自己对自己的看法。有人说："一个人所得到的最具价值的东西，是你得到了承认。"世界是公平的，它带着极端的冷静，允许每个人对自己作出评价，不管你是英雄还是信口雌黄的小人，都无关紧要。它将肯定地接受你对自己所作所为的估价，不管你改名换姓，还是隐姓埋名，都是如此。

白领突击：

要给人留下好印象并不难。首因效应在人们的交往中起着非常微妙的作用，只要能准确地把握它，定能给自己的事业开创良好的人际关系氛围。

初涉职场者或刚到一个新公司的人要做到：

1.落落大方。

如果在会面时表现出你的优良素质，对方就乐于同你交往。不要因环境的严肃或懒散而改变自己的本来的风度，要落落大方，潇洒自然，尽可能地发挥自身优势，如外貌、精力、语速、音调、眼神、姿势和引导对方兴趣的能力，使对方根据这些东西对你形成印象，感到真实。要在思想上有所准备，临场才有可能发挥得淋漓尽致。

2.微笑对人。

不管是和一个人谈话，还是和多人交流，眼睛总是要看着对方。有些人开始谈话时还能看着对方，但没说几句就东张西望了，一样容易给人感觉你心不在焉。进门时自然地看一下屋里的所有人，然后向朝你微笑的人点头示意，这说明你不紧张也不是目中无人。有些人进了陌生人多的环境，就好像进了笼子一样，这种感觉其实是没必要的。微笑很重要，效果最好的微笑应该是温和的、令人愉悦的，更不是强作笑脸。

3.先听后说。

进入一个新环境遇到新的同事和领导要先听别人讲话，在和别人谈话之前要观察一下对方的情绪，思考一下谈话的目标，掌握了对方的心理活动以后，才能接近对方，说话得体。与对方交谈时要全神贯注，说话的声音和表情始终要表现出精神饱满。

4.适应环境。

有些人谈话时老围着"我"转，把自己的事情说个没完，使对方插不进话。把气氛搞得很不和谐。在谈话过程中要有幽默感，风趣一些，把气氛搞得活泼一些。特别是对那些一本正经的人，这样双方都会觉得轻松愉快。

超值
利用时间

　　白领们的日子似乎并不好过，除了要出色完成本职工作以外，还要为了把自己的"领子""漂"得更白而活到老，学到老。身体是"革命"的本钱，这身体差了还能行？只是时间是有限的。于是，有些白领开始琢磨午间休息这段时间了，把午休时间变成了午"修"时光。

　　三十多年前，当"时间就是金钱"这一口号首次流传时，人们曾经惊诧、疑惑；如今，它却成了人人都能接受的名言。其实，金钱又岂能与时间相提并论？生活中，人们读书工作、吃饭睡觉需要时间，听歌购物、梳妆打扮同样离不开时间。时间既给了人们方便，又时刻在"压迫"着人们。在物质生活高度丰富的现代社会，有些人未必感叹金钱的不足，却一定感叹时间的飞逝。

　　时间是个常数，每天24小时，对谁都一样。时间又是个变数，善于利用它的人，能赢得时间，不善于利用它的人，则虚耗光阴。那么，对于时间紧迫的白领来说，又该怎样利用有限的空余时间呢？

　　白天早早来上班，晚上又有无尽的加班，也就午休这段"中场休息"的时间，白领们可以自由支配。有人会办张按摩卡，利用午休时间找师傅按摩，眯眼休息间腰酸背疼的毛病也好了一半。有人则觉得工作学习更重要，当别人"中场休息"的时候，自己再拼搏一下打个"加时赛"。你看中午休这段"中场休息"的时间吗？你会给自己的午休做个"项目规划"吗？

眼下，随着生活节奏的加快，上班族们已把短短的一两个小时午休时间充分利用起来，传统的"静态"午休也正在向"动态"午休转变。

随着职场工作节奏的加快，空闲时间对于我国都市白领族来说显得弥足珍贵，传统的"静态"午休也正在被"动态"午休所代替。

小高是北京市一家私企的部门经理，平时工作业务繁忙，到中午休息的时间他却摇身一变成了一个"乒坛健将"，他说："平时工作比较紧张，下班后不是有应酬就是陪老婆，每天缺少运动的时间，利用午休时间打打球既放松了心情，又锻炼了身体，一举两得。"

在广州一家外资企业工作的小张工作量也很大，会见客户的计划几乎每天都写满了日程，由于公司距离商业区比较近，加之女性对购物的偏爱，她经常利用在公司唯一的空闲时间——午休时间。拽着几个同事"穿行"于各个商厦卖场。她说："利用午休时间购物可以把双休日省出来，不但避开了购物高峰，还给自己集中大段时间睡懒觉创造了条件。"

白领突击：

如果你真想驾驭时间，以便在瞬息万变、竞争激烈的现代生活中取得主动，就必须不仅守时惜时，还需要争分夺秒，超值利用。这才是现代人的时间观念，也是现代白领快乐生活的法宝。

第二章

经营关系，给成功一个稳定的支点

　　人际关系处理得好不好，在很大程度上决定着一个人的生活质量和事业的成败。作为职场人，要想在职场中游刃有余，仅靠个人形象的好坏以及个人工作成绩的优劣，是完全不够的！在注重个人内外兼修的同时，还应该善于经营人际关系，注意为人的口碑，确保自己在与同事交往中能够游刃有余。职场友谊，一个容易被人忽略的因素，在关键时候，可以给职场人一个成功的支点！

学会给上司
"伴舞"

　　白领的职业生涯，多少像一场人生的舞会。音乐响起，不管它是华尔兹还是探戈，作为下属，你只能配合自己上司的舞步走。你的上司是"邀舞者"，而你只是一个"舞伴"，你得配合"邀舞者"的步伐，与他形成默契。作为白领，你必须学会给上司"伴舞"。

　　一天，江主管要陪王总去广州谈一个项目。所以早上一上班，江主管就让小杨和小董向他汇报，接待法国巴黎一个公司来谈合作的事。

　　昨天，巴黎的陈先生发来传真，说他4月12号早上从巴黎出发，乘坐某次航班，当天下午三点到达北京的首都国际机场。江主管按原计划要在4月13号上午才能回到北京，所以，他有些犹豫，是不是要提前一天赶回北京，来接待陈先生。但如果他提前一天回来，把王总一个人留在广州又有些不妥。他说他在飞机上与王总商量后再定。

　　小杨主要负责合作方案的起草，小董负责具体的接待。所以，汇报先从小董开始。

　　"因为对方是法国公司，但其实也是华人……"

　　"你说的是什么？啰里啰嗦，挑关键的说！"

　　小董一阵脸红，赶紧说如果江主管不能及时赶回来，他自己12号下午去机场接陈先生，安排在中国大酒店。13号上午如果陈先生有兴趣，陪他去天安门看看，没兴趣就一个人在饭店休息，下午与江主管会谈。

江主管走后，小杨正在起草合作方案，小董突然一拍桌子，说："我想起来了，陈先生说的12号实际是我们的13号，对吧？有一个国际日期变更线呀！"

"估计江主管这会还没上飞机，手机开着，你马上告诉他。"小杨说。

"我为什么现在要告诉他？他把我当孙子训，也让他难受一会儿再说。"

这事不能全怪江主管工作方法简单，小董汇报的方式本身也有问题。即使在平时，向上司汇报时也要尽量减少不必要的背景介绍，一般按结论、经过和理由这样的顺序汇报。当然，也可以按结论、理由和经过这样的顺序汇报。总之，只有当上司向你问起事情的来龙去脉时，你才可以介绍事情的背景。可小董的汇报刚开始，就是那些不着边际的背景介绍，把上司搞得云山雾罩的，他自然没有耐心听你汇报。

其实，作为公司的基层管理人员，他们的工作更重，他们也要面对来自上司和其他部门等各方面的压力。所以，对于大多数上司而言，他们和普通员工一样，只是想把他自己的本职工作做好，因此，有时情绪难免会急躁一点，工作方法也可能简单一点，但他并不一定就是想针对谁，或者跟谁过不去。实际上，作为公司基层管理人员，他们和员工之间更能找到共同的话题。因为他们大多也是刚从普通员工的岗位上提拔起来的，所以，他们一般也都能理解普通员工工作中的艰辛和心里的苦衷；但是，即便如此，作为公司员工，你也不要指望他们对你有什么特别的关照，更不要在他们面前撒娇；而且，你要习惯他在你面前摆老资格；不管你工作费了多少努力，在向上汇报时，他们一般都会耍点手腕，把功劳转变成他自己的。对于这些，你抱怨也没用。作为公司员工，你只有立足于现实，因势利导，做好自己的本职工作。除此以外，别无良策。

有很多公司员工老是把眼光盯在上司的不足之处，这有什么实际意义呢？你应该用积极的眼光去发现上司的长处，因为职场比拼的是综合素质，不是单一的技能。俗话说，尺有所短，寸有所长。你的上司可能在一些方面不如你，但毕竟也只是在"一些"方面而已，从综合素质来看，他还是比你强。所以，只要你留心上司的优点，经常将他的工作方式和思路与自己的比较，找到自己的差距，你才能进步得更快。

一般来说，上司只喜欢听话的"舞伴"。即使你是"舞林"高手，想甩开上司跳独舞，那也是非常愚蠢的。既然他是你的上司，你就要学会去适应他的舞步，而不能要求他反过来迁就你。

作为公司员工，最重要的是能看懂"邀舞者"的手势。职场和舞场一样，有许多独特习惯动作和潜规则。谁都希望"邀舞者"的手势做得更"明白无误"一些，但更重要的是提高你自己作为"舞伴"的领悟能力。

白领突击：

当你的上司在工作中出现失误时，不能隔岸观火，幸灾乐祸，这会让他心寒。在这个时候，你能承担责任就承担责任，不能承担责任就与他一起分析原因，总结经验教训。既然在一起工作，无论是上司还是下属，都要相互理解和支持，这是职场正常的人际交往，即使有人说你是"马屁精"，你也无须太在意。从某种意义上来说，你与上司是"一根绳上的蚂蚱"，你们必须同舟共济，只有这样，才能有共同的前途。

摘下你的
有色眼镜

作为白领，要想取得成功，你必须学会利用公司的资源，而在各种资源中，人力资源是你最宝贵的资源。你只有摘下你的有色眼镜，真诚而又礼貌对对待公司里的每一个人，你才会有良好的人际关系，才有人愿意把自己的经验和社会关系与你分享，要记住：关系就是生产力。

一天，张华与财务部门的人吵了起来。因为在报销单据时，不知是领导的签字没签对位置还是字迹糊糊不清，总之，财务的人让张华找领导重新签字。找领导签一次就已经不容易了，你再次找领导签字，跟领导说你不该怎样，又应该怎样，那不是自己跟自己过不去吗？于是，张华在财务室提高了嗓门，说自己又没有伪造领导的签名，你们财务部的人是不是没事想找茬；财务部的人也不是省油的灯，几乎也是破口大骂："你这种人脑子是不是有毛病，这种单子也拿来报销……"

从财务部回来，张华仍然怒火不熄，大骂财务部的人是"狐假虎威"。

"算了，张华，忍一忍吧！"王枫劝道："像财务部那些'小人'，你惹不起，还躲不起吗？"

这个王枫也真是，好心在帮倒忙，为制造新的矛盾做准备。

在一个公司里，谁是"小人"？

当然，如果你一定要戴着有色眼镜看人的话，那么，公司上下，也没有几个不是"小人"的：

先说总裁办的人吧！别看那里的一些人，职位虽然不高，权力也不怎么大，跟你也没有什么直接的工作关系，但是，他们所处的地位都非常重要，他们的影响无处不在。他们的资历比你高，办公室的风浪经历比你多，要在你身上找点毛病和失误，实在是易如反掌。

这些人平时管的都是一些鸡毛蒜皮的小事，可他们往往能左右你的工作效率；就是这样一些平日不起眼的"小人物"，他们的潜能会让你大吃一惊，完全可以影响到你的业绩和升迁。

财务部的人，更是些"势利小人"，不要以为他们只是做做财务报表、开开单据。在以数字化的时代里，财务部门的统计数据，决定着你的预算大小和业绩优劣。财务人员已经从传统的配角逐渐走入参与决策的权力核心，他们对于各个部门业务的熟悉程度，可以让你大吃一惊；而对金钱的斤斤计较，也使老板对他们言听计从，所以，如果他们想治你的话，还不是小菜一碟？

人力资源部门的人，又能"好"到哪里去呢？进入公司是靠他们，保住饭碗也靠他们，加薪提职更要靠他们，他们可以说是无处不在！偶尔迟到和早退也许不算什么，但是只要他们想做，随时随地都可以揪你的小辫子，你的表现又会好到哪里去？他们是老板的耳目，当你在办公室里放松片刻，可能就有一双发亮的眼睛在背后盯着你……

除了行政和业务主管都是"小人"外，公司的秘书绝对是公司的一号"小人"。她们是老总的亲信和参谋，不能得罪了她们；她们也一样手握你的生死大权，只要她们在老总面前随便说上几句，你的多年努力就会毁于一旦。

……

这公司上下，除了你自己，谁不是"小人"？但是，别忘了，你自己正戴着一副有色眼镜在看人。

公司在成长，业务在发展，在这样一个运转正常的公司里，如果都是"小人"，也就说明这些"小人"都有一定的素质和能力。

白领突击：

摘下你自己的有色眼镜吧！

不要像学生时代那样，凭好恶待人，把同事脸谱化，摆出一副唯我独尊的架势，那样只能是自找麻烦，加大自我成长的阻力。作为白领，必须学会尊重人，即使对方真的是个品德欠佳的"小人"，你也要给予足够的尊重。

现代职场，是由三教九流的人构成的，所以，在一个公司里，肯定有些人能力低一些，职务也低一些；有的人可能比较小气，有些甚至爱占公司或同事的小便宜；有的人心胸可能没你那么豁达，爱记仇，你一旦出点差错，他马上去向领导汇报，打你的"小报告"；有的人为了能往上爬得快一点，经常当面肉麻地奉承领导……总之，他们身上可能还有这样或那样让你讨厌的缺点和毛病，但是，他们和你一样，在尽心尽力地从事自己的本职工作，所以，尽管你有一千个理由不喜欢他们，但他们和你一样有自己的尊严。

其实，真正摘下自己的有色眼镜，用一种平和的心态去观察你周围的同事，你就会发现他们也有自己鲜明的个性。

不管你愿不愿意，事实上，公司里的每一个同事都是你的"人际资产"。如果你不能让每一笔人际资产成为正数，至少也不能让其中任何一笔成为你的"负资产"。当然，让所有的人都成为你的"正资产"，可能成本太高，得不偿失，但是，你千万不能让他们成为你的"负资产"；如果是"负资产"，那么，他们对你来说，是成事不足，败事有余，在无形之中会加大了你成长的成本。所有成功的白领，他们往往有很深厚的人际资源，他们大多是互相扶持而取得成功的，他们的格言是：你挽了我一下，我也会扶你一把。

所以，不论是对公司的最高主管，还是与送文件、做清洁的打交道，都要注意自己的一言一行，和善地对待每一个人。公司里每一个人都可能对你的工作和前途产生影响。更重要的是，如果你真心对每一个人好，会大大调和你的工作氛围。

俗话说，人不可貌相，海水不可斗量。人总是三十年河东，三十年河西。善待你所厌恶的人吧，说不定哪天你还得为他打工。

给他人以
"精神贿赂"

　　赞美他人，是我们在日常沟通中常常碰到的情况。要建立良好的人际关系，恰当地赞美别人是必不可少的。事实上，我们每个人都希望自己的工作受到别人的赞美。我们花了很大的精力，希望从他人那里得到赏识，但是，我们之中认为周围的人充分理解自己言行的人并不多，而我们自己也很少评论那些发生在我们周围的、我们所喜欢的言行。这一点着实令人感到奇怪，因为表示赞赏是非常容易的，不需要任何代价，而我们在赞美别人后自己得到的报偿却是多方面的。

　　电视里，职场专家在高谈阔论：赞美是语言中的钻石，我们要学会赞美别人。

　　"哼，马屁精！"小周一脸不屑，抄起遥控器就要换台，"我就最看不上溜须拍马的人了，耍嘴皮子！"也难怪，自打进了职场，小周就一直在这个问题上耿耿于怀——办公室里费劲儿的活儿都是她干的，可领导却偏偏青睐另一个"能力低下"的家伙。"不就因为他会拍马屁吗！"小周愤愤不平。

　　而小李恰好相反。作为外企中层，他正在体验被下属赞美的奇妙感觉。前些天的一次会议发言之后，他手底下的那帮小美女一下子围拢过来："老大，你讲得太棒了！""就是，真给咱们部门长脸！""下回有机会教我们两招！"……小李连连摆手，嘴上说着"哪里哪里"，心里还是忍不住乐开了花。

工作中，如果能对你的上级、下属或者是同事进行真诚的赞美，那对于在企业中创造一种融洽的人际关系将起到积极的作用。

白领突击：

赞美是一种重要的交际手段，他能在瞬间沟通人与人之间的感情。任何人都希望被别人赞美，威廉·詹姆斯就说过："人性深处最大的欲望，莫过于受到外界的认可与赞扬。"赞美还可以激励人们不断进步，激发人们的上进心。因此，在人际交往中，你一定不要吝惜赞美别人。下面把这几种赞美的好方法奉献给大家，希望你能把这些方法应用到你的生活和工作中，使你的人际关系更加和谐。具体方法如下：

1. 赞美的具体化。

当你赞美你的同事、朋友、家人时候，你一定要指出具体的值得你赞美的地方。你如果见到你的同事，尔说他很帅，或者他很好，不免有些拍马屁之嫌。他如不是很帅，他会怀疑你有什么启图。但如果赞美他：小王，今天气色不错，有什么喜事。或者说：小李，你的衣服真漂亮，穿在你身上和你的肤色真协调，更增加了你的气质。如果你能说的更具体，预期的效果会更好。

2. 从否定到肯定的评价。

很多人在赞美别人的时候只是平铺直叙，效果有限。如果尝试采取从否定到肯定的赞美方法，也许效果会好得多。看看以下两句评价客户的话，你就会明白赞美的技巧是多么的重要。一般的评价是"我像佩服别人一样佩服你"，从否定到肯定的评价则是"我很少佩服别人，你是例外"。

3. 听到、见到别人得意的时候，赞美他。

比如当你的上级高兴地与你谈到最近做成了一笔大生意的时候，你可以通过像"不得了，我还从来没看到过这么大的订单呢！"这样的话来表达自己的敬佩之情。

4. 给对方没有期待过的评价。

当一个人确实很漂亮时，如果你还称赞她漂亮，她不会觉得有什么新奇。但是如果你突然发现她有一句话说的好，我们可以试着说：以前只是以为你长得漂亮，今天才发觉你的思想也很有见地。

5. 当一个捧人的角色，间接赞美别人非常重要。

真诚坦白地直接赞美别人，固然能取得效果，但如果用词不当，就可能使赞美之词沦为阿谀奉承，给对方留下不好的印象，让人觉得你的赞美之词太露骨、太肉麻。如果你担心出现这样的结果的话，那么最好采取间接的赞美方式，着重表达自己对某一类人或物的赞美，同样会收到不错的效果。这样无论使用怎样的溢美之词，都不会显得过于露骨和肉麻，而对方又能同样领会到你的赞赏之情。

6. 了解别人的兴趣和爱好，投其所好。

老人大半辈子已过，只有过去可以谈起，在他们口中永远有一句"想当年，我怎么怎么样。"中年男人事业有成，可以与之谈事业；一事无成，可以谈平平淡淡才是真。中年女性可以与之谈孩子。青年人可以与之谈未来。少年人可以与之谈偶像。

为"NO"
找个借口

人的一生需要在不断的拒绝之中度过，这就像事物经过否定之否定而螺旋上升一样。但就拒绝行为的双方来说，主动采取拒绝行为的人是站在有利的位置。如果拒绝不能采用合适的方法和相应的技巧，就容易造成对被拒绝一方的伤害，引发怨恨和不满，从而导致人际关系的破裂，甚至引起各种难解的纠纷，让自己陷入非常被动而又麻烦的境地中。所以这就需要你为拒绝找个好的借口。

有时候，拒绝他人会给其带来不小的伤害，但这并非完全是由于你拒绝了他，而更多的是你所使用的拒绝的语言和方式伤害了他。

白领突击：

人际交往中，也许总避免不了拒绝的发生，但是你却可以在拒绝时采取适当的方法，从而最大限度地避免因为拒绝而造成对他人的伤害。

1. 以"他人"为托词。

张旭是一家电器公司的销售经理。一天，他的一位好朋友来买冰箱。看遍了店里陈旧的样品，他还没有找到令自己十分满意的款式。最后，他要求张旭领他到仓库里去看看。张旭面对朋友的要求，"不"字出不了口。于是，他笑着说："前几天我们公司刚宣布过，不准带任何顾客进入仓库。"尽管张旭的朋友心中不悦，但毕竟比直接听到"不行"的回答要好多了。

2. 以"制度"作暗示。

某外企公司的一位普通职员鼓起勇气走进经理办公室说："对不起，我想该给我涨工资了……"

经理回答道："你确实应该了，但是……根据本公司职务工资制度，你的工资已经是你这一档中最高的了。"

职员泄气了："哎，我忘记我的工资级别了！"

他退了出来。几条打印出的制度使他放弃了自己本应得到的东西。他也许在想："我怎么能够推翻公司的薪金制度呢？"这也许正是经理希望他讲的话。

3. 以"外交辞令"为借口。

外交官们在遇到他们不想回答或不愿回答的问题时，总是用一句话来搪塞："无可奉告。"职场中，当我们暂时无法说"是与不是"时，也可用这句话。另外，你还可以用"事实会告诉你的""这个嘛……难说"等理由搪塞过去。

4. 以对方的"言语"为借口。

在拒绝对方时，以对方言语中的一点作为你拒绝的理由，顺其逻辑性，得出拒绝的结果。

不要做一只
爱开屏的孔雀

"哥们，你们是不是觉得市场部的江明有些像动物园里爱开屏的孔雀？"

"还别说，还真像只孔雀，老爱炫耀自己。"有人附和着。

办公室里"爱开屏的孔雀"，当然是指那些自我感觉良好，不分时间和地点炫耀自己的人。人们让孔雀开屏的秘诀是，拿一块花布在孔雀面前晃一晃，骄傲的孔雀就会展开自己的尾巴和你比美。

市场部江明在公司确实像只"爱开屏的孔雀"，只要有新人或陌生人在，他就不厌其烦地介绍自己的经历，被什么人接见过，同谁谁共过事，老总怎样高度评价了自己的工作等，直到对方肃然起敬为止。中午休息时，他爱聊天，起初，几个刚来的新人还为自己有这样的同事感到骄傲，时间长了，发现他总是翻来覆去的那一套"演说词"，自己也差不多能背下来了。再看其他老同事，每到他"演讲"的时候，不是四处逃散，就是去外面打电话聊天，或乒乒乓乓地收拾东西以示抗议，只有那位老兄还在唾沫四溅、滔滔不绝。

在办公之余，同事之间相互在一起闲聊是一件很正常的事情；而许多同事在闲聊时，多半是为了在同事面前炫耀自己的知识面广，同时向其他同事传递这样一个信息，那就是：你们熟悉的，我也熟悉；你们不熟悉的，我也熟悉！其实这些自诩什么都知道的人知道的也不过是皮毛而已，大家心照不宣罢了。

白领突击：

作为职场白领，无论你多有能耐，在职场生涯中也应该小心谨慎，要懂得强中自有强中手，倘若哪天来了个更加能干的员工，那你一定马上成为别人的笑料。炫耀只能招来嫉恨和反感！

也许有人会觉得，既然不要显摆，那我保持低调是不是就对了？其实，这得分场合。在有强势同事的地方，你表现得弱势一点很容易跟他们打成一片；在弱势同事堆儿里，你也并不一定非要和他一样弱小才行，这就需要你的性格是灵活的、不拘一格的，可以根据实际情况调整自己的交往方式，这也是人格成熟的表现。

也许你会说，我不想这么圆滑。但职场人际关系是复杂的，如果你以简单之心应对复杂之事，最后吃亏的是你自己。其实学会为人处事并不是圆滑，而只不过是一个人在职场生存稍显成熟的策略。如果你谦虚豁达地跟同事相处，相信你的职场人际关系会演绎得更好。

在这个世界上，那些谦虚豁达的白领总能赢得更多的知己，那些妄自尊大、小看别人、高看自己的白领总是令别人反感，最终会在交往中使自己到处碰壁。

日常工作中很容易发现这样的同事，他们虽然思路敏捷，口若悬河，但刚说几句就令人感到狂妄，所以别人很难与他苟同。这种白领多数都是因为太爱表现自己，总想让别人知道自己很有能力，处处想显示自己的优越感，以为这样才能获得他人的敬佩和认可，其实结果只会在同事中失掉威信。所以，做人不可过多地对他人炫耀，对自己要轻描淡写，要学会谦虚，只有这样，我们才会受到别人的欢迎。

做事还是谦虚一些好，谦虚往往能得到别人的信赖。谦虚，别人才不会认为你会对他构成威胁。谦虚不仅是人们应该具备的美德，从某种意义上说，谦虚也是获胜的力量。

越是谦逊的人，别人越是喜欢找出他的优点；越是把自己看得了不起，孤傲自大的人，别人越会瞧不起他，喜欢找出他的缺点。这就是谦逊的效能。所以，平时你要谦逊地对待别人，这样才能博得人家的支持，为你的事业奠定基础。当你以谦逊的态度来表达自己的观点或做事时，就能减少一些冲突，还容易被他人接受。即使你发现自己有错时，也很少会出现难堪的局面。正如柴斯特·菲尔德所说的："如果你想受到赞美，就用谦逊去作诱饵吧。"

明智的
抱怨

有很多的人无论在什么样的工作环境中，总是怒气冲天、牢骚满腹，总是喜欢见一个人就大倒苦水，而再见一个人就苦苦讲述自己的不幸，尽管偶尔一些推心置腹的诉苦可以构筑出一点点办公室友情的假象，不过像祥林嫂般地唠叨不停会让周围的同事苦不堪言。也许你自己把发牢骚、倒苦水看作是与同事真心交流的一种方式，不过过度的牢骚和怨言，会让其他的同事感到既然你对这个工作有如此不满的态度，那么为何还不跳槽，去寻找一个自己满意的工作呢？

白领突击：

只要你在职场之中，难免有时会和他人发生矛盾。只要你还没想调离或辞职，就不可陷入僵局。你就需要理智地进行抱怨，既表达了意见，同时又为自己留有回旋的余地。要想做到理智地抱怨，就要注意以下技巧：

1. 抱怨的方式很重要。

尽可能以赞美的话语作为抱怨的开端。这样一方面能降低对方的敌意，同时更重要的是，你的赞美已经事先为对方设定了一个遵循的标准。记住，听你抱怨的人也许与你想抱怨的事情并不相关，甚至不知道情况为何，如果你一开始就大发雷霆只会激起对方敌对、自卫的反应。

2. 注意抱怨的场合。

美国的罗宾森教授曾说："人有时会很自然地改变自己的看法，但是如果有人当众说他错了，他会恼火，更加固执己见，甚至会全心全意地去维护自己的看法。不是那种看法本身多么珍贵，而是他的自尊心受到了威胁。"

抱怨时，要多利用非正式场合，少使用正式场合，尽量与上司和同事私下交谈，避免公开提意见和表示不满。这样做不仅能给自己留有回旋余地，即使提出的意见出现失误，也不会有损自己在公众心目中的形象，还有利于维护上司的尊严，不至于使别人陷入被动和难堪。

3. 控制你的情绪。

如果你怒气冲冲地找上司表示你对他的安排或做法不满，很可能把他也给惹火了。所以即使感到不公、不满、委屈，也应当尽量先使自己心平气和下来再说。也许你已积聚了许多不满的情绪，但不能在此时一股脑儿地抖落出来，而应该就事论事地谈问题。过于情绪化将无法清晰透彻地说明你的理由，而且还使领导误以为你是对他本人而不是对他的安排不满，如此你就应该另寻出路了。

4. 不要见人就抱怨。

只对有办法解决问题的人抱怨，是最重要的原则。向毫无裁定权的人抱怨，只有一个理由，就是为了发泄情绪。而这只能使你得到更多人的厌烦。直接去找你可能见到的最有影响力的一位工作人员，然后心平气和地与之讨论。假使这个方案仍不管用，你可以将抱怨的强度提高，向更高层次的人抱怨。

5. 选择好抱怨的时机。

"在我找上级阐明自己的不同意见时，先向秘书了解一下这位头头的心情如何是很重要的。"国外人际关系专家这样建议。

当上司和同事正烦时，你去找他抱怨，岂不是给他烦中添烦、火上浇油吗？即使你的抱怨很正当和合理，别人也会对你反感、排斥。让同事听见你抱怨领导其实并不好。如果失误在上司，同事对此都不好表态，怎能安慰你呢？如果是你自己造成的，他们也不忍心再说你的不是。眼看你与上司的关系陷入僵局，一些同事为了避嫌，反而会疏远了你，使你变得孤立起来。更不好的是，那些别有居心的人可能把你的话，经过添枝加叶后反映到上司那儿，加深了你与上司之间的裂痕。

6. 提出解决问题的建议。

当你对领导和同事抱怨后，最好还能提出相应的建设性意见，来弱化对方可能产生的不愉快。当然，通常你所考虑的方法，领导也往往考虑到了。因此，如果你不能提供一个即刻奏效的办法，至少应提出一些对解决问题有参考价值的看法。这样领导会真切地感受到你是在为他着想。

7. 别耽误工作。

即使你受到了极大的委屈，也不可把这些情绪带到工作中来。很多人认为自己是对的，等上司给自己一个"说法"。正常工作被打断了，影响了工作的进度，其他同事对你产生不满，更高一层的上司也会对你形成坏印象，而上司更有理由说你是如何不对了。要改变这么多人对你的看法很难，今后的处境更为不妙。

加强合作意识

在新经济时代，年轻白领多供职于知识更新快、工作压力大、技术含量高、协作能力强的行业。许多工作都要依靠同事间融洽的合作关系才能从容面对各方面的压力，其朝气蓬勃的活力及融洽的合作关系几乎成为顺利完成工作之必需。

王某与李某同在深圳一家广告设计公司上班。李某的设计绘图精美但缺少创意，王某的方案创意和整体策划不错，但绘图表现力不强，因此两人的方案总是被客户退回。有一次，设计总监让王某和李某共同做一个方案，由王某负责文案和策划，李某进行绘图。这个方案充分利用了两人的优势，两人共同设计的方案因为创意独特、绘图精美，客户一次性通过。自此，两人成为公司的"黄金组合"，在为公司赢得越来越多客户的同时，两人在广告界也开始小有名气。

像王某和李某这种因工作之间能力互补而双赢的现象在职场里比比皆是，这和动物界的"共生现象"有异曲同工之处。"共生"在动物间表现为共栖生活、取长补短，在职场则意味着同事之间友好的相处方式和精诚合作的工作态度。社会的发展让个体的分工越来越细，没有谁可以把所有的工作都做到得心应手。因此，我们需要在工作中和别人，特别是同事进行沟通交流，切磋学习，这种"共生"能使每个人在工作中各尽其能，达到最佳效果。

白领突击：

在职场里建立一个好的"共生"环境很不容易，很多"共生"是大家在工作场所和交往中逐步建立起来的，所以，职场白领在日常工作中，要做到：

1. 学会安慰和鼓励同事。

俗话说患难见真情。如果同事自己或者家中遇到什么不幸，工作情绪非常低落时，往往最需要人的安慰和鼓励，也只有在此时同事才会对帮助他的人感激不尽。这时，你应该学会安慰和鼓励同事，让同事把心中的烦恼和痛苦诉说出来，帮助同事解决困难，分减痛苦。同事一旦把心中不顺心的事情说出来后，痛苦郁闷的感觉就会逐渐消失了，而你此时每一句话对同事来说不啻于是一种甜蜜。

2. 遇事勤于向同事求援。

有许多人遇到自己不能解决的困难时，总是难于向别人启齿，或者不希望给别人带来麻烦，这是不对的。因为一方面你不向别人求援，别人就不知道你的困难，那么你就失去了一个解决困难的机会；另外一方面，你不向别人求援，别人就会误认为你是一个怕麻烦的人，以后别人一旦有事自然就不会和你倾吐衷肠了。因此，当你在遇到困难时，应该勤于向同事求援，这样反而能表明你对同事的信赖，从而能进一步融洽与同事的关系，加深与同事之间的感情。良好的人际关系是以互相帮助为前提的。

3. 要学会成人之美。

要真心对待同事也体现在褒和贬上。例如在单位举行的总结会上，你应该学会恰如其分地夸奖同事的特长和优点，在群众中树立他的威信；如果发现同事的缺点或者有什么不对的地方，应该在与他单独相处时，实事求是地指出他存在的不足和缺点，并帮助他一起来完善自己。

4. 不能得理不饶人。

如果你是一位嘴巴不肯饶人的人，那么你在与同事交谈时，一定要学会克制自己，不能总想在嘴巴上占尽同事的便宜，否则时间长了，同事就会逐渐疏远你的。

5. 有什么大事及时报告给大家。

与别人相处最忌讳的就是私心太重，一个人如果时时刻刻只关心自己，对他人的事情不闻不问，那么这个人肯定是不会受大家欢迎的。例如，单位里发物品、领奖金等，你先知道了，或者已经领了，一声不响地坐在那里，像没事似的，从不向大家通报一下，有些东西可以代领的，也从不帮人领一下。这样几次下来，别人自然对你会有想法，觉得你太不合群，缺乏共同意识和协作精神。以后他们有事先知道了，或有东西先领了，也就有可能不告诉你。如此下去，彼此的关系就不会和谐了。因此，你一定要记住，把自己融入到集体中，把集体的事情当作自己的事情。

6. 不能搞小团体。

同办公室有好几个人，你对每一个人要尽量保持平衡，尽量始终处于不即不离的状态，也就是说，不要对其中某一个特别亲近或特别疏远。在平时，不要老是和同一个人说悄悄话，走进出出也不要总是和一个人。否则，你们两个也许亲近了，但疏远的可能更多。有些人还以为你们在搞小团体。如果你经常在和同一个人咬耳朵，别人进来又不说了，那么别人不免会产生你们在说人家坏话的想法。

7. 不能明知而推说不知。

同事出差去了，或者临时出去一会儿，这时正好有人来找他，或者正好来电话找他，如果同事走时没告诉你，但你知道，你不妨告诉他；如果你确实不知，那不妨问问别人，然后再告诉对方，以显示自己的热情。明明知道，而你却直通通地说不知道，一旦被人知晓，那彼此的关系就势必会受到影响。外人找同事，不管情况怎样，你都要真诚和热情，这样，即使没有起实际作用，外人也会觉得你们的同事关系很好。

8. 可以和同事交流生活中的一些私事。

有些私事不能说，但有些私事说说也没有什么坏处。比如你的男朋友或女朋友的工作单位、学历、年龄及性格脾气等；如果你结了婚，有了孩子，就有关于爱人和孩子方面的话题。在工作之余，都可以顺便聊聊，可以增进了解，加深感情。倘若这些内容都保密，从来不肯与别人说，这怎么能算同事呢？无话不说，通常表明感情之深；有话不说，自然表明人际距离的疏远。你主动跟别人说些私事，别人也会向你说，有时还可以互相帮帮忙。你什么也不说，什么也不让人知道，人家怎么能信任你？信任是建立在相互了解的基础之上的。

9. 千万不能出口伤害同事。

与同事整天在一起工作，难免会发生一些不愉快的事情。如果因此而与同事争吵时，千万不能随意出口伤害同事。因为如果你情绪激动，说出许多令人心寒的话，同事会发出激烈的反应，从而会对你产生一种仇恨的心理。

在职场的共生环境里，我们要充分了解自己和同事的优势及不足，在良好沟通的基础上取长补短，这样才能充分发挥个人才干，同时也有利于工作的开展。

将职场友谊
进行到底

在众多的行业中，不乏具有优雅干练职业形象的白领，抑或有出色工作技能的白领佳丽，不过这些职业白领要想在职场中游刃有余，仅靠自己个人形象的好坏以及个人工作成绩的优劣，是完全不够的！在注重个人内外兼修的同时，职业白领们还应该善于经营人际关系，注意为人的口碑，确保自己可以在与同事交往中能够游刃有余。职场友谊，一个容易被人忽略的因素，在关键时候，可以给职场白领一个成功的支点！

程强和杨唐大学毕业后，一起到一家广告设计公司应聘，结果他们同时被录用了，负责广告效果设计方面的工作。上了不到半年的班，程强就辞职了，他认为这家广告公司规模太小，与其他实力雄厚的大公司相比，他们的公司太缺乏竞争力了。程强劝杨唐也别干了：有的是好单位，干嘛非得在一棵树上吊死？趁现在年轻，得赶紧找个好"庙"，要不然以后的发展肯定要受到限制。说实在的，杨唐在程强的劝说下也有些动摇了，但是一看到自己的老板王亮每天早出晚归的辛苦样，又不忍开口了。王亮比杨唐他们只大了两三岁，也是计算机专业毕业的。创业难啊，杨唐想反正自己还年轻，全当帮王亮吧，即使以后广告公司倒闭了，也算积累点人生经验。

看到杨唐不肯与自己一起跳槽，程强气得直骂杨唐是傻帽一个，只好摇摇头和杨唐分道扬镳了。杨唐的决定是王亮没有预料到的，从那以后王亮就把杨唐看成了自己的深交知己。又是半年过去了，广告公司的经营已濒临绝境，员工也纷纷离去，公司只剩下老板王亮与杨唐两个人了。王亮对杨唐动情地说，真是委屈哥们了。杨唐反而开导王亮：什么也不用说了，只要你一天把公司开下去，我就一天不离开这里。几年来，任何困难都没把王亮压垮，现在他扔被杨唐的这句话感动得热泪盈眶。

在他们两人的共同努力下，广告公司的经济状况开始逐步好转，经过他们不懈地努力，终于有位实力雄厚的老板肯出资共同开发广告市场。伴随着公司业务的不断扩大，广告公司开始不断地招兵买马、发展壮大，在短短的几年时间内广告公司就成为当地知名的设计公司。杨唐很快也被老板王亮提拔任命为公司的设计总监，月薪上万元人民币。

老板王亮在最好的酒楼单独宴请杨唐时，很动情地对他说：兄弟，你知道我为什么能支撑下来吗？杨唐说：因为你是打不垮的，否则我也不会留下来的。王亮却说：不，其实我早就想结束掉公司了。可是你让我找回了信心，我想只要有一个人留下，我就有干下去的勇气。他又说：我不是最坚强的，你才是！因为在我想躺下的时候，总有你这双手在拽着我走。

杨唐与上司王亮之间的是患难与共的朋友，因此他们之间的友谊力量可以战胜一切暂时的困难，而程强与上司王亮之间的友谊纯粹是工作上的合作关系，一旦在工作中遇到困难，这种职场友谊也就随之消失了。

白领突击：

职场中，职场友谊也不都是很脆弱的，有共同奋斗目标的职场友谊也会对自己的职业生涯产生极其深厚的影响。一位工作中的朋友会让自己进入公司并深入核心领域，为自己的工作表现提供回馈，与自己共进退。这会使自己以享受的心情去做每一份工作，甚至能增强自己的创造力和生产力。许多人是因为友谊而获得一份新的工作，而公司方面常常会制定奖赏制度，以激励那些把私交推荐给公司的员工。

职场友谊是一种很玄妙的东西，它变化无常、并不安全，也会随着外界的影响很快地消耗殆尽；要是自己离开一个部门或者职位有所改变，一切又回到自己刚刚进入时的模样，这就是职场友谊。怎样才能使职场友谊比一个人的调动生存得更长久呢？分享价值。虽然，一个共同的环境会滋生出友谊，然后必须有更深层的连接使其持续下去。自己应该不管环境如何，真实地表现自己。然而遗憾的是，人们总是在同事面前本能地缩小自己，因此职场友谊很难更深入下去。也有这样一种情况发生，那就是当两人工作在同一个环境时，职场友谊只是若即若离，一旦两人分开的话，职场友谊又出奇地深入起来。这是为什么呢？他们可能不再因为同处一个工作环境而压抑情感。

总之，职场友谊并不像普通的生活友谊那样单纯，对待职场友谊大家应该小心为慎，仔细筛选自己可以宣扬的信息类型。要是自己认为友谊把自己或者朋友置于惹人猜忌、甚至损坏名誉的情况时，要对朋友明言；要是有必要的话，自己应从可能引发利益之争的位置上全身而退，以此让职场友谊进行到底。

把握住
同事的心

同事之间相处得如何，是职场中比较关键的一点。可是在我们为职场中的人际关系做出努力的时候，把握住同事的心成了非常重要的环节。因为，不管你如何努力，如果同事不把你当成同一战壕里的战友，你的努力又有什么意义呢？根据心理专家的调查发现，职场中的同事关系是非常影响工作心情的，甚至成了最首要的因素。因此，把握住同事的心，就成了相当重要的一个环节。

为了不给自己造成一定的心理障碍，影响到自己的工作和生活，我们应该学会如何了解同事在想什么，如何获得同事的理解和支持。当同事之间关系融洽，上下一心时，你的工作业绩才能显现出来。

白领突击：

把握同事在想什么，首先就是要了解自己在想什么，了解自己的不足，并勇于改善，这才是对自己进行心理调适的关键一环。除此之外，还需要我们做好以下几个环节。

1. 懂得倾听对方的话。

有心理专家指出，一个人时刻带着耳朵，远比一个只长着嘴巴的人更讨人喜欢。这也就是告诉我们，在和他人沟通的时候要学会倾听。职场中就更是如此，如果你只喜欢一个人喋喋不休，根本不愿意听对方说话，那么将不会受到欢迎！因为同事会觉得你很没有礼貌，同时，他们也会觉得和你没有什么可说的，因为只能听你说，而你从来不去听别人说。

因此，在职场中，职场白领要学会做一个好听众，不仅要自己说，更要学会尊重，耐心听别人说。

2.学会与同事分享。

工作中，有些白领总是习惯于独自解决问题，总是绞尽脑汁，拼尽全力也找不到好的办法，而眼看同事的业绩已经完成了，领导对他们投去赞许的目光。其实，工作中多跟别人分享是非常重要的一个环节，你可以把你的看法和主张告诉同事，看看他们能给你什么建议。当然前提是同事愿意跟你分享，愿意分享的同事还是多数的，毕竟大家做的是同样的工作，分享不仅可以使你显得兼虚好学，还能为你带来意想不到的良好人际关系，对顺利开展工作也是非常有帮助的。

3.学会微笑。

微笑是职场中必备的表情，或许你觉得一天都如此会使表情僵化。事实上，发自内心的微笑也能为你带来好心情。不管你是在试用期，还是已经成为熟练的职场高手，微笑都会给你带来人气和力量。

4.避免固执。

每个人在职场中都要有一定的原则，而原则的坚持往往需要一定的技巧。有些时候，我们在坚持自己原则的时候会被同事认为是一个固执的人！如此，我们将失去同事对自己的好感，同时也失去了同事的心。

抓住同事的心，首先要学会真诚待人，同时懂得灵活的处世手腕。当原则无法坚持时，应懂得在一定的原则之下采纳他人的意见，切勿万事逢迎、毫无主见，这样只会给人留下办事能力不足的坏印象。

处在职场中的白领，要想拉近与同事的关系，把握住同事的心，除了做到上面的几点外，还要多注意在职场中总结经验，多看类似的书。

巧诈
不如拙诚

《韩非子》中说："巧诈不如拙诚。""巧诈"可能一时得逞，但时间一久，就露馅了。"拙诚"是指诚心地做事，诚心地待人，尽管可能在言行中表现出愚直，但时间长了，会赢得大多数人的信赖。

在为人处事方面，大家一定都听说过黄金法则和白金法则吧！

黄金法则出自基督教《圣经新约》中的一段话："你想人家怎样待你，你也要怎样待人。"这是一条做人的法则，又称为"为人法则"，几乎成了人类普遍遵循的处世原则。

白金法则是美国最有影响的演说人之一和最受欢迎的商业广播讲座撰稿人托尼·亚历山德拉博士与人力资源顾问、训导专家迈克尔·奥康纳博士研究的成果。白金法则的精髓就在于"别人希望你怎样对待他们，你就怎样对待他们"，从研究别人的需要出发，然后调整自己的行为，运用我们的智慧和才能使别人过得轻松、舒畅。

黄金法则和白金法则启示我们，在社交中和处理人际关系时，要尊重人，待人真诚，公正待人。

不少人的观点：别人真诚对我，我就真诚对别人。如果他人对我不真诚，我也没有必要对他真诚。其实每个人都有自尊心，自尊是一种由自我所引起的自爱自信、并期望受到他人或社会肯定的情感。真正的真诚和某个对象是否真诚完全是两码事。真诚是个人的修养和人格，不存在对谁值不值得的问题。

市场部前段时间来了位新同事小媛，活泼可爱又热情工作。她的到来无形中给副经理刘姐带来了压力。虽然小媛经验和学识不如刘姐，但是却有一股刘姐身上所没有的冲劲。部门里的其他同事也有不少人对小媛如此快的升职抱有怀疑，大家怀着不同的心情暗暗观察着这个刚来的女子。

小媛对这一切毫无察觉，虽然明白公司老板对自己很器重，但是她也知道，自己虽然比别人多懂一门外语，但是论资历、学识、客户来源都不如其他同事，自己还需要积累。小媛虽微露锋芒但还不敢咄咄逼人。

于是，她比从前更严格要求自己，工作时认真的态度让同事们也不得不佩服。工作间歇，也不再像从前一样一个人静静地呆着，她会捧着水果和大家一起分享，也会聚在一起谈论电影、书籍。有时某位同事请假，她也会毫不推辞地伸出援手，她明白，一个团队的配合与努力才是达成目标的关键。

小媛渐渐地赢得了其他同事的信赖和肯定，唯有刘姐对她还有些不冷不热。

同事们私底下说起刘姐，总说她活得有些高高在上，其实她家里还有在读书的弟弟妹妹，条件也不怎么好，和男朋友谈了好几年都还没结婚，人都快30了。小媛想想，感觉刘姐的压力还真不小。

一天，经理让小媛和刘姐一起去见一位大客户，这位客户刘姐已经跟了很久了，但是一直没有签下来，也不知道是什么原因。小媛有些为难，她知道如果自己出面并签下来的话，和刘姐的关系可能会闹得更僵，可是站在公司的立场上，她又不能推辞。

客户是刘姐通过关系联系到的，她是当然的主角。小媛不动声色地跟在他们后面，听刘姐与客户的交谈，仔细地做着记录，陪同了一个上午，客户仍然没有签约的意思，刘姐有些急了。小媛突然用浙江话问客户："一起去吃海鲜吗？"

来之前，小媛仔细研究过对方的资料，知道客户的祖籍是浙江宁波，而且多年没有回过家乡了。小媛正好是江苏苏州人，以前也在宁波打过工，多多少少能学别人说宁波话。这个邀请使客户有些意外，但还是答应了。

后来的事情自然不用说。第二天，客户主动上公司签约，当时小媛正好出去见另一位客户，但是后来听同事说，客户高度赞扬公司极富人性与温情，愿意与公司长期合作。客户是刘姐找的，大家都以为是刘姐的功劳，小媛什么也不说，她只是淡淡一笑。

白领突击：

人与人之间，无论是雇主关系，还是同事关系；无论是亲戚还是顾客，相互之间都应真诚相待。一个人之所以能够成功，很多时候并不在于他能此时虚伪的表演，而是他能为他人着想，关心他人，用自己的真诚换来了他人的信任。

与不同性格的人相处

一个人的性格是受环境、教育、实践等条件影响下形成的。人的性格之所以不同，正是由于人们所处的环境、所受的教育和所经历的实践不同而造成的。那么，当你与一个性格不同的下属打交道时，或者与一个性格很特殊的下属相处时，你就应该了解一下他的性格形成的原因。和不同性格的下属有不同的相处方式和技巧。

[对于没有责任心的人]

A：小王，我昨天跟你说的那份资料，你做好了吗？

B：啊！我现在没办法给你，怎么办？昨天你跟我说了以后，我就开始动笔了，可是老板临时要一份报告，我只有先给他做报告，然后我的计算机就死机了，所以我只有回家写，可是晚上又停电了，结果……如果你有时间的话，我把搜集到的资料给你，你自己做好吗？

对策：合作完成任务时，目标必须明确，时间、内容等要求要讲清楚，最好白纸黑字写下来，作为证据。不要被他们所提出的借口所动摇，表达你知道工作有其困难度，但还是必须要在一定期限内完成。

如果他们试图把过错推给别人，不要被他们搪塞过去，你只需坚定地说明那是另一回事，现在最主要的是如何尽快解决，如何去达成原定的目标。

如果他们真的遇到问题，最好不要主动帮他们解决，以免他们养成继续对你使用这招以摆脱工作的习惯。

[对于过于敏感的人]

A：你刚刚给我的那份报告里面有几个错字，可不可以改一下？

B：错字？怎么可能？我一般不会的啊，你这样讲让我很难过，我毕竟是大学毕业的，从小到大可不是白混的，我还得过学校作文比赛第三名，你说我不会写汉字也太过分了吧？

对策：尽量避免在他人面前对他们作出可能冒犯的评语，要批评就在私底下当面讲。在批评时尽量客观公正，慎选你的用词，指出事实就好，对事不对人。不要让他们认为你是在对他们做人身攻击。

对他们过度的反应，你不要也跟着乱了手脚急于辩解，那可能会越描越黑，只要重申事情本身就好。提出意见时也同时指出他们的优点，以及他们表现出色的地方，以建立他们的自信心。

[对于推卸责任的人]

A：哎，报告没有通过。

B：哎，还不都是小王害的，他不一直在旁边扯我后腿就好了，讲什么客户需要的是提高品质，这我知道，我的报告也有。还有你，没事跑过来干嘛，害得我投影机的插头掉了。就连打印机都跟我过不去，印一张报告要花三分钟，在客户面前真是糗大了……

对策：事情前明确责任，把自己能做的做到最好。如果一项工作失败了，要先找出自己的原因，主动承认自己的过错。如果你没有过错，不要责怪他人，如果他人胡乱把责任推在你的身上，要坚决做出客观的分析，并且指出来。明确肯定自己的工作，但是要给对方留下情面。

[对于悲观的人]

A：小林你提的这个意见真好，对我们的工作效率一定有帮助。

B：行不通的啦，这个办法早在两年前就有人提过了，那时候大家信誓旦旦地说要把业绩做起来，结果还不是都一样，根本没什么起色。不是我要泼大家冷水，事实就摆在眼前，而且当时老板投入大笔资金却失败了，这次他不会再重蹈覆辙了，所以我认为一定不可行。

对策：他们的负面看法是自己凭空猜想的，还是有事实根据？请他们在表达的同时，也明确指出产生问题的原因。他们害怕失败，不愿意冒险，所以会以负面的意见阻止改变。

问问他们认为改变后最坏的结果是什么，事先准备好应对的方法。不要因为他们的负面意见而感到沮丧，你可以把他们的看法当作是预防犯错的一种机制。告诉他们如果失败的话是整个团队的责任，而不会只责怪他们，解除他们的心理压力，他们就不会在一旁碎碎念。

[对于喜欢支配别人的人]

A：嘿，小王你这样做不行啊，应该要把东西这样堆才好看，来，就照着我这样做。老陈，你的企划书为什么只有这么简单的几页，你如果没办法处理好这个部分，我实在不敢跟你合作。还有你，我说过多少次了，不要把纸的边裁掉，现在好了，完全不能用了！讲这么多害我口渴，算了算了，你先去帮我买罐咖啡吧！

对策：了解他们对工作的要求水准，让他们知道你其实是可以信赖的。随时告知他们工作的进度与状况。必要时询问他们的意见，让他们知道工作正在大家都满意的情况下进行。如果你不小心犯了错，也要让他们知道你会从这个错误中吸取教训，不会一再重蹈覆辙。询问他们事情最糟的状况是什么，可以帮助他们了解结果并帮助他们解决。

[对于性格反复的人]

A：你有上次经理发的那份讲义吗？借我一下。

B：好啊，就在我桌上，你自己去拿。

A：谢谢！

B：嘿，你干嘛？我最讨厌有人乱翻我的桌子，东西动得乱七八糟的，还顺便偷看我的报告内容，你想剽窃我的创意吗？我好心借你东西，你居然这样回报我！

对策：不要回应他们无理的行为，找个借口如倒杯水、拿东西等离开现场，等他们冷静一点再回来。面对他们的情绪失控，不要也被撩起情绪，应以冷静、客观的态度回应，陈述事实即可，不需辩解。一旦他们恢复理智，要乐于倾听他们的谈话；万一他们中途又开始抓狂，就应立即停止对话。他们这种行为可能行之多年，一时改不过来，在他们能理性沟通时，让他们知道办公场所是不能随心所欲的，会吵的小孩不一定有糖吃。

白领突击：

职场中，要想与不同的人保持良好的人际关系，就要注意讲究不同的方式方法。俗话说，一把钥匙开一把锁。跟不同性格的人打交道，也要区别对待。这不是那种见人说人话、见鬼说鬼话的世故圆滑，也不是那种逢场作戏的玩世不恭。我们说的待人有别，是要看到性格不同的人有他自身的特点，要针对这些特点采取因人而异的恰当态度。只有这样，才能为你的工作、学习以及生活各方面带来极大的帮助，才会为你的成功增添更重的砝码。

[注意给他人
留面子]

中国人是最讲究面子的，这种偏好源自五千年的文化，又扎根于伦理型的社会人际关系的网络之中，根深蒂固，几乎无人能够幸免。

每个人都十分重视自己在公共场合的形象，特别是在有其他人在场的时候。这不仅仅是因为有文化的潜意识在作祟，更是在于个人从行使权利的角度出发，维护自己的需要。这种需要因受到公共的检验而变得更加强烈甚至是不可或缺。

如果上司的批评使下属感到难堪，即使上司是出于善意的提醒，即使上司的确是"对事不对人"，其结果却必然是一样的：使下属的自尊心受到伤害。

所以，在开展批评时，一定要讲究方式方法，这里也有艺术性。否则难以达到预期效果。

那么，采取什么样的批评方式才会取得好的效果呢？

1. 不要让第三者在场。

对于下属的一般性过失，管理者不能当众批评，以免增加他的心理负担，或是影响他接受批评的态度。正确的做法是和他单独交谈，让他体会到管理者对他的关怀，进而使他愿意正视自己的问题与错误。至于某些问题必须当众批评或通报时，也应在事先或事后做好与对方沟通的工作，并且帮助他们消除顾虑，或是安抚他们的情绪。

2. 不要背后批评。

对下属的批评，一定要当面指出，这样管理者的意见和态度，才能让下属非常清楚地了解，同时也有助于彼此交换意见。如果在背地里批评，再经过别人传递，讯息往往容易失真，或因而使对方产生不必要的误解，影响了批评的效果。

3. 不要做比较批评。

管理者在批评甲员工时，若将他和较为优秀的乙员工相比，以衬托出甲员工的不足，势必会引起甲员工的敌视。但是反过来，假若管理者在批评甲员工时，以能力较为不足的丙员工做对比，以衬托出甲员工的优越，这样的方式对甲员工而言，就较能产生激励的效果。

由此可知，管理者在批评甲员工时，虽可以拿其他员工来做有利的对比，但千万不能进行不利的对比。事实上，拿一位员工与另一位员工进行对比的激励效果，往往不如就同一位员工的过去、现在来进行比较，所能产生的激励效果大。

4. 不要冷言冷语地批评。

管理者要善于说事实、讲道理，而不要讽刺挖苦、侮辱人格或骂人，也不能嘲笑对方的生理缺陷。俗话说："恶语伤人恨难消。"一旦伤害了下属的自尊心，就可能产生难以化解的对抗情绪，如此一来，批评也就难以取得成效了。

5. 要运用安慰式批评。

你应该多从下属的角度考虑问题，真正体会下属的用心。你会发现如果你站在他（她）的位置上，你也可能这样做，只不过不像他（她）那样厉害罢了。

既然能意识到这一层，你就应该注意去缓解下属的心情，在给以批评的同时，也留些余地，给对方一些安慰。

然而，你的安慰也应该有个限度，而不能像汉武帝那样，是"劝百而讽一"。你要明确你的态度是批评性的，绝不可以给异性下属留下一种鼓励、劝勉的印象。那样同样无助于问题的解决。

尤其是面对这种过分献殷勤的异性下属，他们都以为天下的领导都喜好奉承，说几句批评式的话只是做做样子而已。对这种下属，方是你最"用心"的时候。

6. 运用暗示式批评。

批评人本来就是一件令人不痛快的事，尤其是针对那些有"过分殷勤癖"的人。

有的秘书，对他（她）的异性领导十分体贴。本来领导正在集中精力、全身心地投入到一份重要文件的处理中，可秘书却三番两次地去干扰。他（她）以为是好意，要么问问是否用咖啡，要么去打听一番领导的工作进程，要么去诉说几句对领导工作精神或效率的奉承话。对于这种秘书，你可以告诉他（她）："我看王秘书倒是很好，安安静静的。"

管理者用王秘书做榜样。因为王秘书能够理解领导，会安静地做自己的工作，不打扰领导，不侵占领导的工作时间，只在领导需要服务时才及时送去服务而已。

通过两相对照，这些异性下属自然会心领神会你对他（她）的批评。既然你没能过分暴露自己的不满，又使下属能保住面子，维护了他（她）那点自尊，同时也令下属认识到了自己的错误，能使他（她）积极主动地改正错误。这可谓是种"一箭双雕"的做法，你不妨试一试。

7. 运用模糊式批评

某单位为整顿劳动纪律，召开了员工大会，领导在会上说："最近一段时间，我们公司的纪律总的来说是好的，但也有个别人表现较差，有的迟到早退，也有的在上班时间聊天⋯⋯"

这就是一个典型的模糊式批评。他用了不少模糊性的语言："最近一段时间""总的""个别""有的""也有的"等。这样，既照顾了下属的面子，又指出了问题，他没有指名，并且说话又具有某种弹性，通常这种说法比直接点名批评效果更好。

对于屡次表现过分殷勤的异性下属，你同样可以采用此做法。

白领突击：

要想真正打动对方的心，达到说服的效果，绝不能把自己表现得完美无缺，高高在上地批评下属，就要学会给下属留面子，否则就收不到真正的批评效果。

咄咄逼人
必失败

孔子曰："己所不欲，勿施于人。"在职场中，自己不希望别人给予自己的东西，也就不要想着去给予别人。如果自己一心想着要打击陷害别人，要给别人设置通向成功的种种障碍，那么，自己最终得到的，也必定是同样的待遇，甚至是一败涂地。

乔槐毕业于一所名牌大学的广告学专业，大学毕业后他就很顺利地进入了一家业界有名的广告公司。经过几年的发展，他在业务与资历方面都有了很大的进展，心中的得意不觉显露出来。就在这个时候，他被上司调到了一个新的部门，在新部门里，乔槐遇到了自己命里的"克星"杨茂。

乔槐来到新的部门后不久，就听同事说杨茂是一个老奸巨猾的家伙，公司里多个有识有为的年轻人，都在与杨茂的较量中被打得落花流水。而世事难料，乔槐刚好被上司要求和杨茂共事。经过激烈的思想斗争后，乔槐觉得自己决不能一开始就认输，定要与杨茂这个老家伙一决高下。

经过认真的分析，乔槐找到了自己的优势：年轻、博学、机警聪明、与时俱进、擅长英文、计算机高手，而这些都是杨茂所没有拥有的。另外，乔槐觉得自己拥有着良好的人际关系，领导也很赏识自己，自己的朋友到处都是，只要自己一句话，没有谁不帮自己的，所以他觉得杨茂根本就不是自己的对手。而杨茂只是比自己多了一点经历和经验而已。权衡利弊后，乔槐就准备开始对杨茂采取措施。

乔槐被调到的新部门是广告公司的策划部，这也是公司最关键的部门之一，由公司老板直接领导。在策划部每周举行的例会上，老板都要让大家针对某一个可行性策划方案进行讨论，而乔槐对任何人的观点都不感兴趣，就等着杨茂开口。只要杨茂一开口，乔槐就立即对杨茂的观点提出批评，有时甚至带有讽刺性的浓重意味。这样一来，每次杨茂都会唉声叹气地说自己跟不上形势了，以后要认真跟年轻人学习了等话，到最后索性不敢再发言。

乔槐看杨茂并不像其他人说的那么厉害，就放开手更加频繁地向杨茂进攻。因为他知道杨茂不懂英语，所以就干脆把送交总经理的方案改写成英文，让杨茂不得不急得像热锅上的蚂蚁团团转，但却又无可奈何，更有甚者，让杨茂大丢脸面的是，在老板等人来考察工作时，他把杨茂已经事先准备好给老板看的文件偷偷地掉了包，当杨茂高高兴兴地拿出自己的文件给老板看时，却发现文件已经被更换。最后只得连声道歉说自己一时疏忽把文件放错位置了。老板看了什么话也没有说就走了。

事后，杨茂就把怀疑的目光移到了乔槐身上，一场针对乔槐的报复也悄然在心中酝酿。

没过多久，乔槐又把一份英文策划方案交给了杨茂，然而杨茂知道这是一次公司为客户所做的预算策划，乔槐这次的工作也就必须借助客户支付的最后的预算费用才能顺利进行，于是就在乔槐的方案上悄悄的将预算减少了20000元。客户很快就如约支付了预算费用，但是，乔槐却发现客户少支付了20000元，于是就让客户补交。但是客户拒绝补交，理由是签定协议时预算书上已经明确写明是这么多费用，现在让补交是违反协议规定。乔槐很有把握地说："我就是按照预算书上的费用才向您要求补交的，不信您自己拿出来再看看？"于是，客户就把预算书拿出来递给乔槐，并说："还是你自己看吧！"乔槐不看不要紧，再仔细一看，顿时傻眼，英文预算书上的一个细节之处已被修改，如果不是很仔细地查看是完全看不出来的，但也正是这一处小小的修改，让自己无话可说。

为此，客户向公司提出了诉讼，公司也因此遭受了严重的损失。以前，老板因为爱惜人才，所以对乔槐在公司的出格表现和自命不凡，也就忍耐了，但是这次老板对乔槐的表现极为不满，认为他对公司的利益毫不在意，从来就是应付了事，才会有今天这样的事情发生。于是，没过多久，老板就委婉地辞退了乔槐。

乔槐真是有口难辩，希望杨茂出来给自己澄清事实，可他又觉得这是不可能的事情，就是可以，自己也没脸去恳求杨茂给自己一次机会。乔槐由此陷入了深深的痛苦和思索之中。

白领突击：

职场中，对于那些拥有非凡知识和才华的人来说，他们往往喜欢与同事或上司竞争，从而脱颖而出，即便没有这种想法，他们也有天生爱斗的秉性，并希望在斗争的张扬中满足自己心理上某种潜在的成就感，不服输的个性在他们的骨子里表现得十分突出。但是，哪里有斗争，哪里就有为斗争所付出的代价。乔槐本来是一个成功者，有着辉煌的前途，但是却因为走错了路，选错了方向而最终使自己马失前蹄。这对每一个人来说都是一个很好的教训。

想征服别人的人最终被别人征服，想打垮别人的人最终被别人打垮。要做一个不被别人耻笑而最终直不起腰来做人的人，就要放弃那种阴险之术而固守本分，要通过诚心诚意地学习和交流沟通来慢慢感动对方，最后才在对方的帮助下走向成功，即便得不到帮助，哪怕赢得了对方的中立也就是很幸运的事情了。

在职场中，特别是对于那些居功自傲，对任何事情任何人都不放在眼中的新人来说，凡事都要慎重去做，更不要去做那些背离道德标准的事，要时刻记着自己最终真正希望得到的东西是什么，然后有的放矢地去奋斗去争取，切不可为了一时的痛快而误了一生。而身在职场，要懂得积极开拓，但是也要遵守一定的职场规则。

[放低自己
的姿态]

　　沟通是人际交往中非常重要的一个因素，贯穿于人际交往的全过程，但很多时候我们会有沟通不畅的感觉，总感觉和某个人沟通起来很吃力，很不愉快，从而影响了人际交往，影响了工作的效率。究其原因是高高在上的姿态在作怪。

　　在需要沟通的时候，冲突双方都认为自己没有错，问题出在对方，所以双方都摆出高高在上的姿态。尤其是在上司与下属沟通的时候，作为上司最容易犯的毛病就是过于高傲。本来上司和下级之间就存在地位、身份上的不平等，有些做上司的还有意无意地扩大这种不平等的效应，导致下属在上司面前唯唯诺诺，有话不敢讲，影响了上下级的顺畅沟通。

　　美国加利福尼亚洲立大学研究发现：来自领导层的信息只有20%~30%被下级知道并正确理解；从下到上反馈的信息不超过10%被知道和正确理解；而平行交流的效率则可达到90%以上。

　　汪老板就是个例子，办公室将近200平方米，老板桌是最大的，老板椅也是最高的，可是在他的办公桌前放着一个小小坐椅，下属每次来汇报工作或请示问题，都要毕恭毕敬端坐在那里，这种俨然一副包公审案的姿势，这样的环境很明显是难以搭起有效沟通的平台，影响沟通效果，即使有了大矛盾也很难真正解决，光是靠气势，不能人性化管理。并且在与下属沟通的过程中，心不在焉，摆架子等，这些都是高高在上的表现。

其实，以低姿态出现在他人面前，更加容易让对方认可、接受；而毫不谦虚、妄自尊大、高看自己、瞧不起别人的人往往会引起他人的反感。这种情况发展到极致，以至于他的结局只能是孤家寡人。

白领突击：

在生活或工作中，我们常常发现这样的人：虽机智聪明，口若悬河，但一张嘴就使人感到妄自尊大，因此别人很难接受他的观点或建议。同时这种人往往以自我为中心，喜欢自我的优越感，从而企图获得别人的敬佩。然而结果常常适得其反，他将会失去更多的人缘。

所以，如果你想在事业上有所作为，就得以低姿态活动在社交场中，在他人面前，你得谦虚、平和、朴实、憨厚，甚至愚笨、毕恭毕敬，让对方感到自己受人尊重，比别人聪明，从而在谈事的时候就放松对你的戒备心理，觉得你能力平常，自己没必要花大力气对付。可当事情有利于你的时候，对方能够不自觉以一种高姿态的方式来对待你，他心里似乎明白你在让着他，自然就不会和你争高低了。

这样看来，以低姿态活动应该是一种社交策略，低姿态是一种表象或假象，是为了让对方感到心理的满足，使他对你消除戒备心理，使他乐于和你合作。表面上谦虚的人，可能是非常聪明、工作认真的人。当你大智若愚的时候，当对方麻痹大意的时候，你的工作已经完成了一半。

其实承认自己也有不知道的事并不丢人，为了要自抬身价而不懂装懂，一旦被对方看穿，反而会令对方产生不信任感而不愿与你交往。"闻道有先后，术业有专攻。"每个人都有自己的专长，不可能每件事都很精通。越是爱表现的人，越是无法精通每件事。交朋友应该互相取长补短，别人比自己精通的地方就应不耻下问，即使是自己很精通的事，也要以很谦虚的态度来展现实力，这样才能说服他人。

由此可见，还是应以低姿态出现在他人面前，把优越感让给别人，因为这样往往能赢得别人的信赖，与别人建立良好的关系。假如有一点小小的成就，我们应该以轻描淡写的态度来对待它，唯有如此，我们才能受到他人的拥戴。

[让个性与
主流融合]

　　喜欢标新立异，喜欢表现自己，喜欢与众不同，这些特征在一些新员工身上表现得十分突出，应该说本质上并没有错，做一个真实的自己没有什么不好。可是如果做过了头，与现实环境和职场氛围格格不入，就会招致他人的反感，甚至影响自己的职业进步。

　　陈子昂在参加一家大型国企招聘时，以其博学、敏锐、新奇的观点与回答，顺利地通过了公司面试，面试结束时，招聘主管对他说了一句："现在，公司正是需要像你这样富有创意的人才啊！"陈子昂喜出望外，并牢牢地记在心中。

　　上班以后，陈子昂果然不负期望，在很多场合总是语出惊人，总是能说出一些稀奇古怪的意见来，有一天，在公司关于一个设计的讨论会上，陈子昂以其独特的构思创意得到了所有人的一致赞同，"怪才"的称号也因此而来。

　　半年过去了，善于创意的陈子昂隐隐约约地感觉到，一些应该让他参加的会议却没有通知他，一些本来不是他发明的"异端邪说"也被莫名其妙地安在了他的头上，部门领导似乎对他越来越冷淡，还有一些同事的风言风语也令他感到不舒服。更让他感到不安的是，一同来到公司一直默默无闻的小张被晋升为主管，一连串发生的事让陈子昂有些郁闷。

　　一天，陈子昂与同一个学校毕业的师哥一起吃饭，酒过三巡，他说出了自己的烦恼，师哥带着几分醉意对他说："你坏就坏在怪才上，难道树大招风，出头的橡子先烂的道理，你就不明白吗？"听了师哥的这些话，陈子昂静心一想，也确实是那么回事。

从此以后，聪明的陈子昂就开始有意地约束自己，努力适应公司的氛围，说话看场合，自己认为好的意见和想法，如果不适宜在公共场合说，他就写成书面报告呈送给主管领导。慢慢地，领导夸他成熟可靠了。不久，陈子昂协助部门经理出色地完成了公司新产品发布会的策划与实施任务。没有多久，陈子昂被提拔为项目主管。

现在已经是部门经理的陈子昂，谈起自己当初的经历时说："我当时的一些言行和举动，在一些广告创意公司或者IT公司里很正常，但是，在我们这家老牌的国有企业里就显得有些另类。别人都说我学乖了，老练了，其实我是找到了自己的个性与公司氛围的平衡点。"

在现代职场中，我们不要以自我为中心，想怎么做就怎么做，这样你就必然会受到挫折与打击。要学会分清主流与非主流，调适自己的心态来适应现实环境中的主流。

所谓主流文化和主流价值观，就是社会、企业、团体、大众基本上认可的价值准则和行为规范。简单一点地说，大家都说那个东西是黑的，你偏偏说它是白的，你就是另类，别人就会把你当成有"特异功能"的人，你就会"享受"特殊待遇，要么受到冷遇，要么受到排挤。

主流文化和价值观就像客观规律一样是不能违背的，它们就像一只无形的手左右着你的命运，它们又像超级气流，任何"逆风飞扬"都要付出甚至是惨痛的代价。

如果你说，那个东西确确实实是白的啊，我总不能昧着良心吧！很好，有骨气！但是，此时摆在你面前的只有两条路，一是不硬说，不让大家没面子，在心中保持自己的正确意见；二是走人，离开这个"黑"的地方，到都说"白"的地方去。别的就没有办法了。如此，另类有个性的做法，在新员工中是十分常见的。因此，如何融入社会主流文化和价值观，如何实现个性与周围环境的协调统一，是每一个新员工不得不思考和注意的大问题。

白领突击：

中国文化基本上是一个比较保守中庸的文化，初来乍到，谦虚一点，谨慎一点，多做一点，勤奋一点，就会得到大家的认可。企业之间的文化不同，氛围不一样，要学会适应。在一个文化和风格相对保守的企业里，你的穿着打扮，你的一言一行就不能太张扬，太随意。反过来，在一家比较自由、开放、激情的公司文化氛围里，你要是太拘谨，别人会认为你没有新思想，没有活力。所以，要看清周围的主流心态是个什么样子，然后"随波逐流"才好。

整体来讲，事要做大，人要做小。你在大街上，越酷回头率可能越高；但是在公司里如果酷得太狠，你的信任度可能就会越低，这是新员工应该思考的。

尝试和同事做朋友

什么是朋友？不要对这个话题嗤之以鼻，觉得职场上没有朋友。

每当一年一度年终考核评优的时候，每当要选任升迁的时候，每当同事之间变得小心翼翼，大家都心照不宣，谁评上了表示谁被领导认可，也可以有多一点收入，谁升迁了当然前途就更好。而没评上的呢，没升迁的呢，自然心里不平衡。经常会有平时形影不离的朋友，这时却再也走不到一起，只是因为其中一个评上而另一个没评上。反而是平时关系不太好的人却因为都没评上而凑在一起，说长论短。

不错，当今很多人，看似人际交往很广泛，各行各业"都有人"，但却难以觅得能够信任的朋友！甚至还有人，给这种现象打上时代的标签，认为这商业社会发展给人与人之间的关系带来的恶果，并将"真诚不在""人心不古"等词语与之联系。

身在职场的人大都陷入了无所适从的矛盾：一面在铺天盖地的有关"如何经营人脉"的书籍、讲座中，为人脉努力着；一面又切身感受着经营人脉所带来的负面结果。

写字楼里流传着这样一句话：是来工作的，不是来交朋友的。的确，这是生存竞争激烈的职场，不是青梅竹马的花园，同事之间有合作，更是对手，但是，人生大半在职场度过，是不是彼此隔膜、防范才是理想的状态？

同事之间难免有彼此相投之人，这样的缘分该如何把握？职场同事能不能成为知己？

其实所谓"人脉广却没朋友"，实属庸人自扰！人脉经营自古有之，是件再正常不过的事情！"花花轿儿，人抬人"，这句话出自高阳先生所著长篇小说《胡雪岩》，是红顶商人胡雪岩对人脉关系的理解。更久远的那些有关人际交往的故事就不再赘述了，实在不是个新鲜话题。而今天出现这个现象，其实是心态与做法的问题。

心态的问题来自看待这件事的角度。同事与朋友，未必完全不同，更不是完全对立。对于个人而言，丝毫没有功利性的朋友是不存在的，只是一个度的问题。换句话说，人与人之间的信任一定是有条件的，无论是朋友还是同事！

所以为何不尝试把同事当成朋友呢？人脉有人脉的游戏规则，彼此之间关系得以确立并维系，首先要确定一个问题："你是谁"？这是人脉关系通常的起点。大家在接下来的共同的合作中，在相互支持中不断地磨合，不断了解对方，并产生一定的信任。

盖洛普调查公司曾经对百万名经理人做过调查，结果显示，在工作单位内有比较好的朋友，是工作环境是否"健康"的重要指标。作为一个职场人，如果能在工作中交一些朋友，还是比较幸运的。从个人职业发展角度看，职场中的朋友之间可以相互交流工作经验、互相学习、互相鼓励，同时，在生活上可以互相帮助。总之，保持良好健康的朋友关系，在工作和生活中都是有益的。所以职场友谊是优势不是负担。

白领突击：

职场中，其实只要有了信任和合作，之后的事情，就是能否成为朋友的问题了。我们看到很多人，今天他们的朋友都是从以往的同事中而来。因此，同事与朋友之间其实不存在冲突，如果你想要的是那种"闺中密友"，就要看缘分了。

改变自己
才能赢得别人

每个人都希望获得成功，赢得别人的认可和尊重。可是，往往有很多人都做不到这一点。因为每个人都会有很多的缺点，当这些缺点呈现在别人面前时，它就可能成为你成功的障碍。因此，不断认识自己，改造自己，就变得尤为重要。

有一只乌鸦打算往东方飞，途中遇到一只鸽子，双方都停在一棵树上休息。鸽子看见乌鸦飞得很辛苦，就关心地问："你要飞到哪里去？"乌鸦愤愤不平地说："其实我不想离开这里，可是这个地方的居民都嫌我的叫声不好听，所以我想飞到别的地方去。"

鸽子好心地告诉乌鸦："别白费力气了！如果你不改变你的声音，飞到哪里都不会受到欢迎的。"

我们生活在人群中，似乎也像乌鸦一般，人人都渴望被理解，被接受。生活也往往就是这样，如果你无法改变周围的环境，唯一的方法就是改变你自己。就像乌鸦一样，如果它不改变自己的声音，就是搬到哪里也照样会惹人讨厌，不能从根本上解决问题。所以，与其改变环境，不如改变自己。认识到自己的不足，还要找到完善自我的恰当的方法，才能在团队中赢得他人的认同，在社会上占有一席之地。

在职场交际中有许多东西我们是没法改变的，想改变别人更是枉费心机。没有什么能改变一个人的本性，除非他自己真心愿意改变。我们能做到的就是改变自己，选择适应，这是智者的处世态度。

"山不过来，我过去。"穆罕默德对一脸茫然的众门徒这样说。他没能做到让山走到自己脚下，却让自己走到了山顶。他虽然没能控制高山，却可以改变自己，同样达到了目的。

同是移山，故事却另有版本。听说有位高僧会移山之术，年轻人前往求教。高僧就带年轻人朝身体左侧的一座高山走去，翻过高山来到山下以后，高僧说："年轻人，这座山刚才在我们的左侧，现在移到了我们的右侧，这就是我的移山之术。"年轻人感到迷惑不解，高僧进一步说道："客观环境是不可改变的，能够改变的只有自己。"

白领突击：

先知也好，高僧也罢，皆非万能。但他们都有高明之处，即懂一个道理：改变不了环境，但可以改变自己。改变并不意味着妥协与对事物的全盘否定，而是一个协调与沟通的渠道。

在人际交往中，你是不是常常埋怨别人，觉得别人不支持不帮助你，觉得别人不理解你，你常常是不是想改变这种状况，最后却又没有办法，因为你发现，你很难去改变别人。

其实，要想改变这种状况，让别人接受你，最简单的方法就是改变自己，改变自己的思维方式，之后，你会觉得他们也都改变了。埋怨是没有任何作用的。埋怨只会使自己失去力量，离团队越来越远，所以我们一定要保持我们自己的力量。假使我们没有力量，我们便没有能力改变。没有能力改变，我们便永远无法让他人接受。

遇事
后退两步

愤怒就像是在喝酒，一旦你喝了第一杯，就会一杯接着一杯地喝下去，越喝越醉，愤怒就像酒瘾一样，让易怒的人控制不得，一旦陷入愤怒的情绪里就无法自拔。

其实，冲动是一种最无力也最具破坏性的情绪，它给人带来的负面影响可能远远大于我们的想象。

使自己生气的事，一般都是触动了自己的尊严或切身利益，很难一下子冷静下来，所以当你察觉到自己的情绪非常激动，眼看控制不住时，可以及时转移注意力等方法自我放松，鼓励自己克制冲动的情绪。

张小姐去隔壁的办公室借用电话，进去后发现一共两个电话机，就问旁边的同事小王，哪个是内线，小王当时正坐在电脑前，没说话。张小姐以为她没听见，就用一个指头戳了一下她，说"问你呢"——绝对不是那种气势汹汹的口气，因为小王和她只差一岁，平时说话都很随便的。没想到小王一下子就站起来，瞪着眼就开始骂张小姐，骂得还特难听。张小姐当时都傻了。旁边的两个同事劝她也劝不住，张小姐不理她，自己打电话，她还不住嘴，说张小姐本来就不该来。张小姐当时就和她动起手来。

工作场合中，同事间难免有摩擦，如果处理不当，就会造成严重的冲突，恶化彼此的关系。绝大多数发脾气、斗脾气者的结局，往往是不怎么妙的，不是败事，就是情亡。因此，许多人这样评价善发脾气者："脾气来了，福气走了。"这话虽然难听，但道理的确如此，它给人以深刻的启迪。

白领突击：

当你和同事发生冲突摩擦时，感到生气、焦躁的时候，不要着急着往前冲，请后退两步吧。后退两步，并不表示我们停滞不前，甘于懦弱，它可以让我们的视野更开阔，让我们把情况分析得更透彻，从而做出正确的判断。而且，因为你后退两步，许多的矛盾，便会一下子化解得无影无踪，从而让你拥有海阔天空的心境。

让步是一种智慧，是一种胸怀，是一种宽容，是一种高尚，是一种修养。世上的事，往往并不一定要争个你死我活，谁高谁低。

对于与同事间的摩擦，如果处理得当，能把激动的争执转变为冷静的沟通，反而有助于彻底解决问题。处理的方法如下：

当同事愤怒时，不要以愤怒的态度回应，但要坚持你的意见，表明你希望先冷静下来再讨论的意愿。

询问他生气的原因，但不要长篇大论。

如果他后悔自己一时失态，立即保证你毫不介意。

给他一些恢复平静的时间，不要施加压力。

问他发火的原因，若他拒绝回答，也不必强求。若他说出不满，只要倾听，表示同情即可，不要妄下断语或提供解决方法。

当同事冷漠不合作时不做判断。你可以问他："怎么了？"如果他不理会，不妨以友善态度表示你想协助他。

如果他因家庭、感情或疾病等私人因素，影响到工作情绪时，建议他找人谈谈或请两天假。

在我们工作和生活中，常常要向领导让步，向同事让步，向下级让步……你做出了让步，并不代表你就是失败者，相反，你却从你的让步中赢得了关系的密切，感情的融洽，这比争一时之气，逞一时之能，是更大的胜利者。

征服畏惧 建立自信

工欲善其事，必先有自信。

要建立良好的人际关系必须从自信做起。没有人会信任不相信自己的人。

拿破仑·希尔指出：有很多思路敏锐、天资高的人，却无法发挥他们的长处参与讨论。并不是他们不想参与，而只是因为他们缺少信心。因为有差距才没有信心，因为接受程度有限才心态不好。

小李初中毕业后去到一家印刷厂工作，那时很小也不明白什么，一门心思学技术，最后成了厂里的一级技术员，这时候他很自信，就自学印刷专业。后来上了一所印刷中专，但是从学校出来后碰到种种挫折，碰到相信自己的人就做得很好，但是碰到不相信自己的人就很压抑，慢慢地，话也不会讲了，总是一个人待着，工作也做不好了。总是渴望与人交流，因为不自信所以找不到交流的人。现在在公司是有苦说不出。他渐渐认为自己是世界上最可怜的人，也是最差的那一类，不敢与人讲我渴望成功，也不敢想象自己有一天会成功。

小刘原来一直错误地认为自卑并不见得就是坏事，觉得可以使人进步，缺点能不断地鞭策你提醒你使你不断的完美自己，甚至说自卑的人是对自己要求太高，很不以为然甚至有点享受的样子。直到后来，她越来越怕别人的目光。面对单位领导的批评，小刘觉得很压抑。在和同事相处的过程中，也没有什么朋友，有什么事最多和父母讲一下，有时根本没办法沟通。去年她去了广东打工，面试的时候，招聘的人很直接地告诉她说她没有自信，而当时她并不觉得自己没有自信。小刘大学本科毕业，可是却只找了份在商场卖衣服的工作，而这也是很不容易找到的。后来因为和同事相处不好，就从广东回到了家。现在才明白一直阻碍自己事业顺利的就是因为自己的不自信。

白领突击：

一个在职场打拼者的良好精神面貌无不体现在"自信"两字。自信是自卑的反义词，也与自傲相差甚远。自信是一种内在与外在高度统一的表现，亦是一种在举手投足间散发出来的魅力。自信的外表是一种首先可以让自己满意的形象，其次是让他人可以接受和认同的形象。

但如果仅仅只有外在的自信，就会被看作是一种虚张声势，但若光有内在的自信，就会失去自信的优势，甚至被成功忽略。

职场的自信心来自两个方面，一方面来自内在的知识、理想和人生体验的积累；另一方面来自外在的得体、自如的表现。真正的自信心是一种坚定必胜的信念，也是一种完美无缺的形象再现。那么，如何才能建立自信呢？

1.克服害羞，放手去做，一切皆有可能。

如果一个人从来就没有失败过，那么他基本上是自信的，不害羞的。但是，人多少会遇到挫折，都会有失败的时候，而失败和挫折使人无法达到要求，人就会害羞。由此可见自信与害羞之间是此长彼消的关系，自信多一点害羞就少一点，反过来，自信少一点害羞就多一点。不要老是觉得害羞是天性，无法改变。研究证明，大概有10%的幼儿"生来害羞"。从一生下来，这些儿童在与不熟悉的人或环境接触时，显得不同寻常的谨慎和缄默。但是这并不表明不能克服，要意识到，并不只有你一个人感到害羞。每一个你见到的人可能都会比你害羞。你大胆一点点，就会和别人近一点点。

2. 不要太看重得失。

人生道路不可能一帆风顺，不如意事常有八九。前进路上困难、挫折，预想的目标一时未能达到，都可能使人产生一种自卑心理，自怨自艾，影响工作与学习，甚至有人会利用极端的手段来达到目的。

成功的人要有不怕失败，坦然对待的心态。不是每个人在每件事情上都能做到尽善尽美。不是某一样事情，某一个荣誉，某一个职位，就能左右你的最终成功和失败。福兮祸之所倚，祸兮福之所伏。万事要拿得起，放得下。不要让盲目的追求，自信的缺乏，打乱你原有的步伐。经得起失败，才能经受得起成功。

3. 学会say"No"。

在你身上也许发生过这样一些事情：自己精心的预算被上司否定，叫你按照他说的方式做，而你确信他的是错的，但你又不敢得罪他；当你正在忙一大堆工作的时候，某同事来胡搅蛮缠，让你帮他做某项本该他自己完成的任务，由于不想得罪人，你也只好答应；某个策划是由自己负责，但他人很殷勤地为你提供了一个你不愿意接受的意见。

遇到这些事情不可否认的确很让人为难，但仔细推敲就可以发现这里面存在这样一种思维方式：按自己的原则去做会担心自己的拒绝会令对方不高兴，但是如果违背自己意愿的话，自己心里又很别扭；与其得罪人宁愿自己心里别扭。

这就是典型的委曲求全的思维方式。面对问题首先考虑的不是问题本身，而是想着如果不按别人的意愿去办会有什么后果。就好比打仗，还没看清敌人是什么模样就想着打了败仗怎么办，这仗又岂能打赢？不自信的人思考问题时往往就是这样，被别人牵着鼻子走。所以在工作中我们要学会毫不内疚地说"不"。

$$\left[\text{换一个角度}\atop\text{看问题}\right]$$

生活中，每个人总是喜欢站在自己的立场来看待一切事物，无论自己的看法是否正确，都有一个共同的特点，那就是自己始终坚持"我有什么错"这一立场。

有一天，小晴被上司叫过去训了一顿，回来时脸很阴沉，气色很难看。路过张静身边时，张静关心地问道："你没事吧？"

没想到小晴像头狮子一样朝她怒吼："你怎么那么多事！我有没有事和你有什么关系？你是不是想看我的笑话？"

张静听后，恨不得钻到地底下去，因为整个办公室的人都在看着她。

中午吃饭时，张静就对自己的同事兼好友萌萌诉说自己的委屈："小晴今天真是个怪物！变幻无常，这种人真没法理解！"

"张静，这事你也别怪小晴。如果你站在她的角度考虑，你就能理解她了。"萌萌说。

"我为什么一定要站在她的立场上来理解？"张静还认为受委屈的是自己，所以显得有些固执，甚至有些不通情理了。

"张静，我讲一件我自己的经历给你听吧。那是3年前，我在一家法国公司的办事处做助理，八九个人办公室的杂务基本上全是我一个人承包了。有一次，我无意中发现公司一个美国女孩的薪水是我的十几倍，当时我气得发抖，心想，这女孩一天到晚基本上什么都不干，最多干我三分之一的活儿，她凭什么拿比我高那么多的薪水！当时，我就直往法国老板的办公室闯，问他这种薪水差别是怎么来的，是不是看不起我们中国人。那法国老板是个老头，很和蔼，听完我的一通发泄后，仍然是笑眯眯的。待我基本平静下来后，他问我：这事你有没有从美国女孩的角度考虑过呢？我不解地问：她的角度是什么？老板说：她的薪水的确比你高很多，但与美国人的薪水相比，她这种水平只能算一般水平了；让她千里迢迢从美国来北京工作，如果还让她的薪水比一般美国人的低，你说她会愿意吗？反过来说，你的薪水虽比她低得多，可不也比普通中国人的薪水高得多吗？听老板这么一说，觉得他说的也很有道理，我的气就消了许多。"

看来在职场上换位思考太重要了，必须养成这样一种习惯。

"萌萌，我理解你的意思，但你说句公道话，今天我有什么错？"张静还是钻在牛角尖里面。

"张静，如果你真要我说，那我就说了，你错就错在你的'我有什么错'这种想法上。当你与同事发生矛盾的时候，如果你老是采用这样的方式思维，不仅不能理解对方，而且也剥夺了自己的反省机会。所以，如果你真想了解小晴为什么冲你发脾气，你首先就得去掉你身上那种自以为是的毛病。"

在职场中，有一些人总觉得同事之间很难互相理解，这是为什么？就是因为他们老是有这种"自以为是"的毛病，不愿去认真地剖析和了解自己，所以，古人有"人贵有自知之明"这种感叹。

见张静情绪开始平静下来，萌萌开始像个大姐一样对张静循循善诱：

"张静，今天你确实是好意，想安慰小晴，但当小晴被上司批评，自尊心受到打击时，她要的不是在大庭广众之下的安慰，这样只会让她觉得更加难受。所以，你好意没办成好事。张静，你仔细琢磨琢磨，其实，与同事交流，互相之间就像一面镜子；别人对你的态度，实际就像镜子一样，反映出你自己的行为。"

白领突击：

矛盾随时会在我们周围产生，可真正产生时，又有多少人愿意去反省自己呢？人们很难了解自己，因为我们大多数人都习惯以自我为中心。要别人接受你的意见很简单，你先承认自己有缺点，而不是炫耀自己的优点；要别人接受你的方法也很简单，先体会别人的感受，而不是先保护自己的感受。自己的优点和缺点的界限并不在我们自己身上，而是在同事的心上。

尽管在职场上同事之间交流沟通不是件容易的事，但是，我们还必须得学会交流沟通；作为同事，大家在一个办公室里，如果互相之间不能交流沟通，那又怎么配合协作？所以，对于职场中人来说，学会与同事交流十分重要。

因为通过与同事间的交流，就会给办公室营造一种轻松的气氛，加强同事之间的相互了解。如果有了这种相互理解，就不容易发生误解，即使有了误解也容易消除，而不会积淀为隔阂。同事之间在这种逐步的相互了解之过程中，开始理解和接受对方的思考问题的方式和价值观，这样，不仅能大大减少猜疑和误解的出现，而且更容易形成工作中的默契，从而产生友谊。

同事之间由于看问题的角度不同，对于工作中的一些具体问题的看法，出现分歧是正常的；如果我们养成换位思考的习惯，就不难理解对方。当然，如果你认为自己的看法是对的，当然要努力说服对方接受；即便如此，也只能以理服人，否则，就有可能伤害相互的关系。

尽管我们每个人的心里都有自己的"小算盘"，但总体上大家都还是想为公司好；既然大家进了同一个公司，就说明相互之间从能力到人品不会相差太远，因为公司的领导本身也在那里看着大家，能力和人品太差的迟早会被炒鱿鱼；但是，同事之间观念上和利益上的差异是永远存在的，所以，我们也不能幻想办公室像游乐园那样，永远让你开心。但只要大家求大同存小异，彼此互让和体谅，办公室完全可以像一个班级一样和睦。

第三章

调适心态，
在挑战中成长

人与人之间只有很小的差别，但这种很小的差别却往往造成巨大的差异，很小的差别就是所具备的心态是积极的还是消极的，巨大的差异就是成功与失败。也就是说，心态是命运的控制塔，心态决定我们人生的成败。因此，我们要懂得心理调适，把握好自己的职场心态，积极、乐观地面对人生的各种挑战。

将竞争视为
成长的动力

一般认为，企业中的白领只要有良好的专业能力和专业素养，就会受到重用和赏识。但随着经济的发展，企业的发展也日新月异，在现阶段，只要符合企业当前发展需要，并且能得到部门领导认可的白领，才会有良好的发展。

钱亮在一家贸易公司已工作了6年，由于业务能力娴熟，得到客户的认可，他已成为部门的顶梁柱之一。但最近一段时间，他发现同部门的陈鹏在异军突起。原来，由于近几年公司的传统业务不是很景气，而陈鹏负责的新兴业务便成了部门的主要增长点。尽管陈鹏来公司的时间不到2年，但领导屡屡表示要提拔陈鹏。为此，钱亮感到很不公平，觉得无论是从资历、还是从能力，自己都比陈鹏强很多。领导这样做，实在让人难以接受。

其实，像这样的情形，在公司中十分常见。陈鹏可以说是钱亮在公司内部竞争中的"劲敌"。对待劲敌，应该保持一种坦然的心态，而不是嫉妒。在企业竞争中，有人常常把竞争对手被重用的原因归结于裙带关系，或者是与领导的关系好，这完全是一种嫉妒心理。好嫉者，通常有非理性思维定势，一遇到对手或与自己实力相当者就首先猜想对方用不正当手段维持折中水平，如果对方超过了自己，就更觉得他使用不正当手段了。在折中嫉妒心理驱使下，常会表现出不理性行为。

有的性格强硬的白领，对待职场劲敌的方式是硬碰硬。在他们的成长过程中，喜欢竞争，并通过正面冲突将对手击败，这种竞争方式就容易产生对着干的做法。当这种情况出现，上级应该积极调节，给予他们同等机会，这样才能提高工作效率。如果怕两虎相争伤一个而刻意给某一方机会，只会激化两者之间的矛盾。

职场竞争是不可避免的，职场白领应该关注企业的成长，提高自己的能力，从中寻找机会，为自己创造成功的机遇。一时不得志不意味着永远不得志。当输给职场劲敌后，不要消沉，要将这种竞争作为你成长的动力，适时调整自己的方向或者策略，为下一次的竞争做好充分的准备。

白领突击：

坦然面对工作中比自己强的对手，与之开展良性竞争，对一个人的成长是至关重要的。只有拥有积极健康的心态，才能把这种良性的竞争当成自己每天积极进取的动力源泉。

第一，要把比自己强的人视为自己超越的目标。要意识到自己已经落后，认真考虑自己今天应该怎么做，明天应该怎么做，未来才有可能超过他。

第二，要敢于较量。不要觉得这一次的机会失去了，未来就永远没有机会了。选择放弃的人，才是真正的失败者。

第三，要发掘自己的特质，做到人无我有，人有我新。要选准未来准备超越的领域。

第四，除了能做、做好之外，还要有成功有效的沟通。只有沟通，才能营造一个让自己的能力得到充分发挥的平台。

把精神放在 90%的好事上

职场中的每个人都有这种切身感受：当自己春风得意时，便会感觉生活处处充满阳光；而一旦遇到困难，或身处逆境时，就觉得生活阴暗，甚至感到世界的末日即将来临！因此，个人主观性在一定程度上影响和改变着人们的生活和事业。事实上，我们每个人都拥有90%的长处，而只有10%的不足。问题是你如何发现和对待这90%与10%。当你将自己的10%与他人相比时，你不禁会感叹：原来我如此富有！

职场中，大约有90%的事情是好的，10%的事情是不好的。如果你想过得快乐健康，就应该把精力放在这90%的好事上面；如果你想担忧、操劳，就可以把精力放在那10%的坏事上面。

有一个人去看病时对医生说他得了癌症，医生仔细检查后对他说："你没有任何症状表明你得了癌症啊。"这个人还是很担心地说："可是根据医书上说的，我很多症状都好像是啊，而且书上说癌症初期可以是没有任何症状的。医生我还能活多久呀……"

据一项针对人的忧虑的研究显示，人们所忧虑的事情当中：

有40%的事情是从未发生过的；

有30%是过去发生了的事情，再忧虑也无法改变的事实；

有12%是担心自己的健康问题，就像故事开头的那个人一样其实属于多余的担忧；

还有10%是忧虑那些琐碎的事物，比如说天气不好、明天会不会下雨、电话费余额够不够之类的事情；

真正值得忧虑的事情，只有8%，而在这8%里头，研究人员发现其中的一半也是个人完全不能控制的事情。

研究结果显示，我们所有忧虑的事情当中，高达96%的事情是我们常人原本不需要去忧虑的。

《时代周刊》上登过一篇文章，谈到第二次世界大战时，有个士兵在瓜达卡纳岛战役中被炮弹碎片刮伤喉咙，输了七筒血。他写了张纸条问医生："我会活下来吗？"医生回答说："会的。"他又问："我仍然可以讲话吗？"医生又肯定地回答了他。于是这个士兵在纸上写道："他妈的，那我还有什么好担心的？"

你为什么不停止忧虑，对自己说："他妈的，我还有什么还担心的？"也许你就会发现，事情其实微不足道，不值得操心。

白领突击：

罗根帕索史密斯硕果一句极富智慧的话："生命中只有两个目标：其一，追求你所要的；其二，享受你所追求的。只有最聪明的人才可以达到第二个目标。"

当你把精力放在90%的好事上时，你会发现，你拥有的资产加起来，纵使用福特和洛克非勒等人所有的金钱合起来买，也买不到你所拥有的一切。

但是，职场白领即使拥有高薪，拥有好的工作，也总是很少想到自己所拥有的，却总是想到自己所没有的。

其实，快乐的经历也许正如花的芳香，或是从窗帘透过的金色阳光，或者仅是一句友好的话，一件小小的善举，一首优美的乐曲。但是，你必须在睡觉前去寻找这样快乐的体验，这是你入睡前最有价值的东西。

[学会调剂
自己的情绪]

小青是一个典型的工作狂，在她的人生顺位里，健康永远是排在最后面的那一个。她总是认为自己还年轻，体力充沛，过去她每天工作时间经常长达12个小时以上。

直到她生病了，在医院躺了十几天，她才真正感受到：空有一身本事，但没有了健康，什么事情都不用谈。

工作固然可以让人发挥才能、积累财富，但过度的工作却让人失去健康，代价颇为沉重。

紧张、压力大，是每个白领日常所要承受的。他们为了适应市场剧烈变化，工作常常超时、睡眠不足、压力大、没有休闲，如此成为一种生活的常态。随着银行存款簿数字的逐渐增加，健康却一路负债。

一位在IT行业工作的白领苦笑道："为了追求个人的成长、金钱与财富，牺牲了生活品质，牺牲了家庭的时间，这样的结果却换来了一身的病。"

这位白领白天在公司上班，晚上还在某大学上补习班，一天睡觉很少超过四个小时，他追求的人生顺位是：成功、财富、地位，最后才是家庭。

至于健康，他则根本不列入考虑的范围，他认为自己体健如牛，也很自豪大学时还曾经是篮球校队的成员，况且年纪又还不到四十，对于健康，他很自负。然而，人生还是有很多的意外。

当他被检查出来已经是肝癌晚期时，他才恍然明白，健康竟是自己最掌握不到的部分。

白领突击：

人只有在真正生病时才会领悟到，也许，人生的顺位应该重排，家庭与健康才是首要的。但是这样的领悟却要亲自品尝后，才能刻骨铭心，实在是残忍。

因此，不要将一切贴心的事物皆视为理所当然，因为你可能随时都会失去它。重视生活中所拥有的一切，一旦失去了，可能就无法再拥有。

恒久以来，宇宙万物即以追求"平衡"为依归，所以，休闲不是偷懒，而是工作前体能或精神的酝酿期。

想要追求均衡的生命，也许并不是那么容易。越是年轻，健康往往就越排在最不重要的位置上，总是要等到失去了健康，才会惊觉健康的重要性。

你必须处理这些事情，而且在生活中设法求得平衡，但要怎么做呢？

有句话说："40岁前以命换钱，40岁以后以钱换命；40岁以前糟蹋身体，40岁以后给身体糟蹋。多可怕的人生警语，但许多人的人生似乎就在这样一个宿命论中轮回着。

要让身体保持健康，最重要的就是要过一种规律的生活。有了规律的生活，身体才会比较健康。

想要选择过有品质的生活，便要选择勇于承担。但活在这样的时代里，想要样样均衡，则是一件很奢侈的事。金钱和健康，有时很难选择，你选择了什么？没有钱活不下去？可是，没有了健康，也就等于一无所有了。

能活着真好，能健健康康地活着，更好。

给自己一个
类似休假的心情

处在职场中的白领，每天都要面临高强度的工作带来的巨大压力，同时会在工作的影响下重复着不变的事情，很容易形成相对机械的生活方式。

张小姐和朋友开创了一个公司，经过几年的奋斗，他们逐渐有了自己的业务网络和客户。一切的一切，看上去都挺好的。不过，就是有一点不太好，那就是每天早上起床时，张小姐就已经知道有什么工作在等着她，每个月发薪水时，也都有把握拿到一笔可观的薪水。尽管如此，张小姐总是感觉自己的生活似乎被套进了一个乏味的模式里。

一天中午，张小姐照例和搭档去写字楼底层的餐厅吃饭，依然是那个服务生招待他们。让张小姐大吃一惊的事情发生了，张小姐还没有开口，服务生便已经写好了菜单，而且菜单上正是张小姐准备吃的。张小姐突然发现事情是多么可怕：原来自己的饮食已经到了一成不变的程度。

人如果长期处于这种环境下，当时间和强度都超过本身的承受能力时，无论是心理还是生理，都会出现问题，可能出现亚健康状态，总觉得不舒服，对什么事都提不起精神来，容易诱发疾病以及抑郁症等精神疾病。

白领突击：

对于这些压力，休假是一个很好的解决方法。休假，可以使身体和精神都得到休息放松，有效地缓解压力。研究表明：现代职场中人的压力除了来自工作本身外，还有一些来自其他方面，如工作的变化、升迁、人际关系等，这些因素相对于工作本身来说，给人造成的压力有时会更大，特别是在一个不够如意的环境中工作时。休假一方面可以让人暂时忘掉这些烦心事，另一方面也可以让人静下心来仔细思索这些让人觉得很不愉快的问题，进而顺利地将其解决或缓解。

如果一味这样下去的后果大多是身体累垮了，出现这样那样的病，等你明白过来时，大多已经进入亚健康状态，有的甚至进入病态了。因此，处于工作压力下而过得并不快乐的职场中人，应该花点时间来关注自己，自己到底需要什么，想做什么事，如是不是应该出去玩几天，要不要多花点儿时间陪陪家人，要不要为个人魅力充充电等。当一个职场中人被工作等的压力弄得压倦烦躁时，给自己放个长假是一个很好的选择。换一个生活环境，往往能让人发现被日常琐事掩盖的真实自我，或者说，至少能为你重新投入紧张的工作继续动力和能量。

虽然休假是件好事，但还有不少职场中人不愿休假，认为"反正这些工作都是我的，现在不干攒到以后就干得更多"；"竞争这么激烈，要是休假，岂不是跟人家的差距更大"；"休假不挣钱还花钱，太不值了"……

其实，工作的满足，要到有资格不工作的时候才最为强烈。而休假则可以让你拥有一种近乎类似退休的心情，让你可以对理想的生活进行一种尝试，对未来进行一种选择。当你休假结束，再次回到工作中时，你会感到这是一件多么幸福的事。那么，在工作压力下的我们，如何排除不良心理的干扰，快乐地享受假期，同时不耽误工作呢？

1. 把你的工作安排好。

要休假的你对于工作自然难以做到随时关注，所以，你应该在休假前做好相应的工作安排，什么事由谁帮助要提前跟同事交接好。同时，最好能事先预测可能发生的问题，如自己不在时发生了某些事情，应当和谁联系，应当如何解决，工作的进程应当达到什么地方等。

2. 从心理上接受休假。

工作其实非常需要劳逸结合，但很多人都很少注意到这点。所以，应当将休假列入自己的工作计划中去，以便从心理上接受"工作过程中将有一段休息时间"的安排，从而做到有次序地工作与休假。不过要注意的是，不要休回避性的假，如工作中出现一些重要问题亟待解决，但又觉得对困难束手无策时，一定不要休假，而应该想办法去解决，不要把垃圾或怨气都留给你的假期。

3. 将心灵从工作中适当地抽离出来。

休假有一个重要的原则就是将自己同办公室隔绝。也就是说，当休假时间开始后，最好不要查看电子邮件，适当关闭手机，少给办公室打电话，让自己能彻底放松。你要学着相信，当你不在时，你的同事或下属仍能按计划将工作顺利地进行下去。同时，要记住，不论离开谁，地球也会继续转动。如果总是与办公室联系，就会了解那里发生的问题，重新沉溺到工作的紧张当中，既影响了休假的效果，又会使自己觉得休假比上班还要累。

用积极的态度 面对压力

都市白领，面对的不仅仅是21世纪的不安定、不可测的多变经营环境，同时还要面对来自上司的压力，来自公司同事和部属的挑战，来自公司经营策略的变化……这群人所面对生存的压力与岌岌可危的态势决不是努力加苦干就能应付的。因为，每天都会有新的竞争对手不断涌现。此外，他们所面对的还将是市场竞争的不断加剧，利润空间的无限压缩，而压力也决非仅仅来自外在的空间，更有自身的自危感受。

秦明在内地上班的时候，丝毫感受不到什么"压力"、一张报纸一杯茶，煲煲电话吹吹牛就是一天。来到北京，费尽周折才应聘到一家广告公司，但每天一进写字楼秦明就有一种喘不过气来的感觉。繁重的工作、同事间的竞争与摩擦，使原本开朗的他连笑也变得陌生了。在办公室里面对电脑屏幕和上司的脸色，还有冷不丁的误解和暗伤，的确让秦明不堪重负。

年逾30的小黄也感觉自己这两年的生活过得有点不太顺心。作为企划主管，工作的压力让她时时刻刻绷紧神经，也丧失了很多生活乐趣。她与丈夫结婚快4年了，一直不敢要孩子。为了给自己减压，寻找丢失的生活乐趣，解决长期职场生涯耽误的"个人问题"，小黄决定暂时辞去工作，先生个孩子再说。

小美曾经在一家私企担任过4年多的部门主任，对"精神压力大"的体会特别深刻。她那个部门负责公司的宣传、策划工作，都是又累又细的活儿不说，而且工作当中的"变数"很大，日攻夜战赶出来的工作，常常要面临着推倒重来的命运。工作带给她的精神压力非常大，一接到任务，就条件反射似的想到"肯定又砸了"，用"寝食难安"来比喻一点也不为过。

很显然，工作压力对白领们有很大的不良影响。白领们能否消除现代工作生活所带来的压力？

不——因为这不是一件绝对的坏事，所以我们不能消除。在生活中我们需要一定的压力。压力可以刺激我们采取一些行动，挑战我们自身的能力，帮助我们达到自己认为不可能达到的目标。问题就在于我们怎么处理、安排和缓解工作中的压力而不至于因为压力过大而垮掉。

白领突击：

在充满竞争的都市里，每个人都会或多或少地遇到各种压力。所以，当你遇到压力时，不要试图去逃避，因为在现代激烈的社会竞争中，无论你从事哪个行业，都将面临着巨大的压力，关键看你是不是能保持一个积极的心态。

对于压力，它可以是阻力，也可以变为动力，就看自己如何去面对。社会是在不断进步的，人在其中不进则退，所以当遇到压力时，明智的办法是采取一种比较积极的态度来面对。实在承受不了的时候，也不让自己陷入其中，可以通过看看书、涂涂画、听听音乐等，让心情慢慢放松下来，再重新去面对，到那时往往就会发现压力其实也没那么大。

有些白领总喜欢把别人的压力放在自己身上。比如，看到别人升职、发财，就总会纳闷，为什么会这样呢？为什么不是自己呢？其实只要自己尽力了，做好自己的工作就得了，有些东西是强求不来的。与其让自己无谓地烦恼，不如想一些开心的事，多学一些知识，让生活充满更多色彩。

将烦恼
抛在后面

　　很多白领在参加工作之前年轻漂亮、朝气蓬勃，但几年的职场打拼下来，往往感到精力不够、疲惫不堪。而且大多数企业和公司员工都要每天工作到晚上八九点钟，少有休息，更使白领们犹如雪上加霜。

　　白领们除了巨大的工作压力外，还有人际关系的压力。在人际关系中，除要求他们与同事友好相处外，还要面临与领导、下属复杂的人际关系，不少白领们甚至感到人际关系的压力大于工作本身。

　　"生活真是太累了！"常听一些白领喊出这样一句话。其实，生活本身并不累，它只是按照自然规律及本身的规律在运转。说生活太累的白领是他本人活得太累了。

　　活得累的白领很少有幽默感，更不会去放松一下自己，唯恐别人以为自己对生活不严肃。活得累的白领就像身上穿着一件厚重的铠甲，既不能活动自如，又不愿脱去它。活得累的白领就像永远戴着一副面具，这副面容在人前谨小慎微，在人后愁眉苦脸。这种累人的、让人喘不过气来的生活，既然使人如此痛苦，既然生命对我们来说又是那么宝贵、那么短暂，我们何不换一种活法，活得轻松、幽默一点，努力去感受生活中的阳光，把阴影抛在后头。即使生活给人压力很重，也要抽出一点时间来放松一下自己，那样会对你的人生更有益处。

有人说，如果没有压力就没有资格称为白领，因此，"别让压力挤走快乐"几乎成了白领的流行语。没事自个找点乐，是白领化解压力最简单有效的方法。

是的，豁达、乐观可以使人信心百倍，即使有再大的困难，也能够克服。

多一点幽默，那将使你觉得生活乐趣无穷。做人就应该多培养点幽默感，这是人类的特征之一。人生中有很多不如意的事情，尤其是在巨大压力下求生存的职场白领，能够有点幽默感，工作和生活将会更加快乐。

白领突击：

工作和生活中难免会遇到不顺心的事情，和各种各样与自己性格不同的人相处，你会采取什么样的态度呢？是坦然、轻松地对待，还是谨小慎微，处处设防？

白领在职场中生存，总会面临这样那样的压力，如果长期让自己生活在紧张、压抑之中，让自己的琴弦绷得太紧，就会使自己活得更累。必要时，还是放松一下自己，轻松地活着吧！

命运毕竟是公平的，对谁都一样，没有绝对的幸运儿，也没绝对的倒霉鬼，你有这样的不幸，他还有那样的烦恼；别人有这样的好运气，你还有那样的好机会。所以，千万不要把一点点的不顺夸大化，乐观一点，笑对人生，万事都泰然处之。这样，你就能活得轻松多了。走自己的路，做自己的事，没必要为了一点小的不顺耿耿于怀，更无须抱怨。放松心态，别让自己活得太累，只有潇洒的人生态度才能成就你事业上的辉煌。

学会在动态中调整自己

薪水是职场中最为隐秘的一个话题，即使大家都是同事，也难免会不知道对方的月薪是多是少。而降薪自然是很多人不愿意看到的现象。

职场中，面临降薪的原因各不相同，有些或许是你的工作没有做好，有些或许是因你行业的变化。但不管是因为什么，降薪都会直接影响到你的生活。但被降薪你仍然还要工作，是因为你毕业以来一直在这个行业里奋斗了很长时间，如果进入一个新的环境中，一切都要重新开始。这种想法是可以理解的，如果你的降薪是因为自身原因，那你就要通过改变自己来扭转降薪的局面；如果降薪是因为外在因素，你可以试图改变或是坦然接受。而面对降薪最不可取的方法就是埋怨，如果你只是在埋怨，则对谁都没有什么好处。

王浩的公司坐落在城市的最繁华地段，有着每天租金达2万元的那种"繁华"。老总的身份是"出口转内销"，也就是前一些日子在国外混出了"海外华人"的出口身份后，又转回国内开办公司的"投资商"。前几天，老板满面笑容地让王浩到他的办公室一趟，老总在电话里的客气让王浩不由自主地抬头看了看天，幸好太阳还是从东边上来的。

王浩基本工资每月8000元左右，再加上奖金，小日子过得还不错，买房，买车，都一一实现，但近来全球性的经济危机严重影响到了他的收入，奖金减少了，最惨的是，上周老总找他谈话，告诉他，他的薪水本月起降1000元，当然，如果他觉得无法接受，他可以选择离开。

面对老板的笑容，他很想说他离开。但他却微笑着对老总说："我接受。"

初次遭遇这种降薪，很多人的心里面会一时无法接受，会产生很多的心理问题。而对于这一点，王浩就能做到自我调适，他认为不过是自己每个月的薪水降低了一点，每个月少开销一点这个问题不就解决了吗？

白领突击：

金融海啸的威力正渐渐加强，未来的日子，可能会有更多的朋友遭遇像王浩这样的情形，要么降薪，要么走人，在这种情况下，你会选择哪一种呢？

其实，老板降薪不是本意，员工离开也不是本意。降薪意味着员工很可能大批跳槽，老板压力很大，不降吧，又怕没有足够的资金周转应对越来越艰难的环境，辛辛苦苦几十年，一下回到解放前。员工离开又怎么样，整个大环境不好，所有行业都受影响，跳槽不见得能涨工资，负担没有变小，压力会更大。

面对这种现象，大多数的人会选择静观其变。面对降薪也应当理智、冷静地对待，用"职业化"的心态认真面对自己的工作。而如果你的收入已经不能使你支撑日常的生活开销，那你就没必要再静观其变，而是要把握好自己的提升空间。同时，在此基础上，你还可以关注市场对你所从事行业人员的需求状况，把握自己在人才市场上的价值信息，选择合适的上升空间。

降薪，其实是企业发出的一种危险信号。这种信号大多数的人都能感受到，只是有些人会被危机吓倒，出现心理障碍。而有些人则能冷静地分析现状，作出适合自己的选择。

因此，在全球遭遇金融危机的非常时期，职场白领都要记住一点，那就是要学会在动态中调整自己，保持一种良好的心态，冷静分析眼前形势，作出对自己有利的选择。

让降级成为
你的起床号

被炒鱿鱼并不是你在职场上可能面临的最糟的事。最糟的事是被降级。

有很多人——我管他们叫"降级弱智"——很难接受或理解他们被降级的事实。大多数人对降级的反应是把尘封的履历表找出来，开始找份新的工作。在他们心里，老板等于是打了他们一记耳光。他们不善于处理降级所带来的羞辱和颜面受损。

汤军进入这家公司时，由于学历较高、虚心好学、能言善辩、跟同事们关系融洽，上司对他印象很好，认为他的确是一个管理者的好苗子。

汤军的老上司因故辞职，老板就让汤军来接替了这个职位。汤军很是高兴，因此工作也更加努力。在就职当年便获得了优秀的业绩，后来还和几位管理者一起前去深造。这一系列让人惊讶的事情，使才20多岁的汤军获得了公司同事的一致赞同，汤军也很是感到得意。然而，在一年后，公司突然新找来一位资深经理人，汤军成了对方的助手。从一个高高在上的负责人变成了一个助手，这让汤军很难接受这个事实，他觉得这是给他难堪，一直转不过弯来，情绪异常沮丧，工作也连连失误。

对于汤军的降职，他的上司是这样解释的：在那时，公司发展势头非常好，又开展了新的项目。但汤军的前任辞职，给公司带来了混乱，在没有合适人选的情况下才让汤军来上任。那时，生意也好做，所以这一切都在自己的掌控之中，汤军取得好的业绩也是理所当然的。而后来，行业竞争激烈，汤军经验不足的缺陷便开始显露，而自己越来越需要一个切实的分担者，所以才请有经验的高人来管理，而汤军则作为公司的一只"潜力股"，进行重点培养。

所以，当老板把你降级时，他们并不是在告诉你，你是没有价值的。他们只是在以一种最具说服力的方式告诉你，你在某些方面有所欠缺。直到这些缺陷被矫正前，你的价值可能会被缩减，因此你也会在薪资、职位、权力上受到损失。

白领突击：

当你被降职时，如果能够克服颜面受损的问题，降级可以摇身一变为宝贵的起床号，督促你不断努力完善自己的不足，使你在以后的发展中有更大的升值空间。

其实，具体应对的策略也相当简单。首先，不要做任何轻率或情绪化的事。不要辞职，不要大骂老板，不要把履历表丢到十几家公司，宣布你工作得不快乐，准备跳槽。汤军在这一点上就不是做得很好。同时，还不要对任何愿意倾听的人哭诉，要守口如瓶。越少人知道你的挫败，你就有越大的自由去设法收复失地。

面对降职，最简单也是最重要的方法就是：积极找出是哪儿出错，并及时改正它。

许多人都说，被炒鱿鱼——无论是被老板、客户，还是主顾——是能发生在一个人身上最好的事——但仅限于一次。因为它能测试你的毅力和才智，教导你如何成长。它往往也能把你从事业的困局中解救出来。如果你正确地反应，降级也可以达到同样的功效。

给自个儿
找一颗定盘的星

你得到了上司的提升，正踌躇满志地打算大干一场，却无意间听同事说："升了官之后，他简直都不知道自己姓什么了。以前我们还有说有笑的，现在连个笑的模样都见不到了。"你这才发现自己的确在对同事上严肃了许多，你觉得自己应该这样做吗？

小张经过几年的努力，以其出色的成绩被公司领导肯定，正式被提升为公司的销售部门经理。这是一件让人开心的事，小张一度也这样认为。

小张在这么短的时间内就得到升迁，成为这家公司的经理，在这家公司还是很少见的。对于这一点，小张更是充满了得意之情，心中不禁有了一种成功的满足感。

不过，小张的好心情没有维持多久。随着工作的彻底转变，从往日独自奋斗突然转变成了要为全部业务员的工作负责，如何保证业务量，如何协调下属和自己之间的关系，出了差错又如何弥补等等。这些问题都成了小张需要考虑的问题，时间不长，他就有了现有业务能力不够用的困扰。

由于小张对同事的态度有些强硬，于是下属对他的态度也开始有些冷淡了，不但不配合，甚至还故意出难题，在背后说些风凉话。往日的同事关系渐渐变得紧张起来，有几次还争吵起来，连几位业绩不错的业务员，还闹着要离职。

距离小张升迁，已经有几个月了，可小张的工作进展得十分缓慢，望着上司看销售报表时紧皱的眉头，小张只觉得身心俱疲，升职后的的感觉大不如从前。

升迁意味着地位的提升、薪水福利的增加，可以说升迁是所有职场人永恒的诱惑，人人都想获得升迁的机会。升迁，需要长时间的拼搏，有时候还需要一点运气，一点眼光，所以说，无论如何，升迁都是一件值得高兴的事情。

但是，在升迁的背后，往往隐藏着工作方式的完全转变。拿破仑曾说：一个不想当将军的士兵不是好士兵。但同时需要注意，一个优秀的士兵，却不一定可以马上成为同样优秀的将军，职场也是如此。升迁后过分的兴奋，在同事面前的趾高气昂，或很少注意及时补充自己能力上的不足，或感到能力的不足而缺乏自信等，这些情况往往都会使你在升迁后导致失败。于是，原本应该令人高兴的事情，反而成为了职场的一大陷阱，让你深陷其中，难以自拔。

白领突击：

当你知道自己将被升迁后，应该尽快将前一个职位上进行的项目处理完，把整理完毕的文档留给接替你工作的同事，顺利交接完工作。同时，无论以往有多么辉煌的业绩，既然是升迁了，就要知道一切要从头开始，努力学习，尽快进入工作状态。切忌升迁后急于过一把号令三军的瘾，而是应该脚踏实地地干几件实事。因为你的部下需要的是业务上能给他们做好参谋的人，而不是真想卖身为奴，赶紧给自个儿找一颗定盘的星！

上司也是
普通人

职场中有这样一个现象：有些领导明明宽厚仁慈，但有些员工就是不敢正视领导，原本敏捷的思维在见了领导后仿佛冻结一样，不知如何应答，甚至有的人见了领导绕着走，就好像老鼠见了猫。

淑伟来这家公司已有4年，在公司也算是元老级的人物了，可是她至今还没有主动和老板说过几句话。她特别害怕与老板交流，害怕看到老板的样子，害怕老板站在她的背后，害怕老板朝她走过来，更害怕老板找她谈话。虽然老板找她谈话最少，但还是唯唯诺诺，精神紧绷，不能放松。

一次，老板让淑伟做个表格，她答应下来后回到办公室，却马上产生了一些关于细节的疑问，她想去问问老板，但又不敢去，她怕老板说自己领悟能力差，或者怕老板怪罪自己没有认真听，但不去问明白具体要求，表格做出来老板不满意，否定自己，怎么办？直到她亲眼看到老板离开了办公室，她才给自己找到了一个理由：老板走了，我只有自己做。最终，她花了整整一个晚上的时间，发扬了宁缺毋滥的精神，深入思考，做了个非常全面的表格，第二天，老板说她做的表格画蛇添足，没有重点。听着老板的建议，淑伟低着脑袋轻轻地点了点头。

还有一次，公司节前聚餐，刚好淑伟被安排在和老板一桌，大家推杯换盏之间，逐个给老板敬酒，看到此情此景，淑伟紧张了，心想：一会儿轮到我怎么办啊？我该说什么啊？如果说不好，岂不糟大啦！她正在胡思乱想，身边的同事已经向老板敬完酒坐了下来。淑伟只好举起酒杯，本想说句简单的"祝张总身体健康，事业发达"的话，可是张了半天嘴还是把这句话说得结结巴巴的。淑伟坐下后，脸红到了耳根。同事们又开始谈笑风生，而她却为自己刚才拙劣的表现感到无比羞愧。整顿饭吃得没滋没味的。

渐渐地，淑伟觉得自己在公司有点待不下去了，倒不是老板要辞她，而是她觉得周围的同事和她关系逐渐疏远，而在老板眼里也更是个可有可无之人。淑伟觉得浑身压抑，责怪自己只有逃离这个环境才能解脱。

上级恐惧症，也称惧上心理。这是一种职场心理现象，但是如果超过了一定界限，不仅个人能力不能得以发挥，并且会让我们失去很多机会。身在职场中，每个人不得不面对自己的上级，同时也不得不与老板打交道，在职场中，能否与上级处好关系，也是衡量一个人职业道路发展是否顺利的关键。文中淑伟的表现虽然极端了点，但确实是现代职场中惧上的一种经典表现。有调查显示，职场中，白领惧上的心态将近80%。其中有一小部分已经发展成为了一种严重的社交障碍。

陷入这种症状中会使人感到心神不安、效率降低、上下级关系别扭甚至紧张，工作就变成了沉重的苦役。症状进一步加重会使人产生回避动机——如果真的开始回避领导、回避交往、回避任务，人的社会功能就会受到损害。如不恰当地调整，就会产生跳槽、休假甚至辞职等退缩行为。由此可见，上级恐惧症不是病，真病起来也要命。

白领突击：

职场中，八成白领怕老板。"惧上"虽然普遍，但是如果过度，不仅个人的能力难以发挥，更也会让你错失很多良机。

因此，你应树立普通观，不必神化上级。"上级恐惧症"源自心中的一种上级神话。苦于"上级恐惧症"的人，无一例外地把上级给神话了。苦于"上级恐惧症"的人不是期待自己和上级能有神交就是把上级想象成近乎上帝的某种神话。总之，肯定没把上级当成普通人。其实，上级就是被时势的某个浪头，推向了某个位置的某个普通人。把你推上那个位置，你也是被叫做上级的普通人。骨子里有了这样的平等观或普通观，再想得"上级恐惧症"也不容易。

需要提示的是：轻微的"上级恐惧症"可以在工作中自然调节，如果调节无效或症状加重，再满足于自我调节就会陷入误区。这种情况下就该去接受专业的心理咨询、心理训练或心理治疗了。

相信
自己能行

在职场上尤其需要自信。自信虽然不是潇洒美丽的外表，但它却会带给你外表的潇洒美丽。自信会让你认识你所扮演的人生角色，你在哪方面有着足够的能力，还有哪方面需要再发掘你的潜能，能更清楚地认识自我。这样你就能精神饱满地迎接每一天升起的太阳，迎接每一天的挑战。

但是，在职场自卑的人却很多。自卑是一个人成功路上的最大的障碍之一。自卑感严重的人，往往处事态度消极，缺乏向困难挑战的勇气。他们常常挂在嘴边的一句话就是"我行吗？"因此，对于任何一个想有所成就的人来说，他必须首先战胜内心自卑感。

小佳是一名外企的白领女孩，收入颇丰。按理说，像小佳这样的女孩绝对是无忧无虑的。因为在外人看来，小佳的事业是成功的，她的生活是快乐的。但事实上并不是如此。

自从她进入外企工作后，头脑就有一根弦绷得特别紧，深怕自己会做错什么事而被炒鱿鱼。因此，小佳工作认真努力，定期都要总结一下自己前段时期的工作，并经常地反省自己。如上司稍有一点不满，她即刻会自责不已。可以肯定地说，在老板的眼中小佳是一个优秀的员工。虽然她的职位在不断地往上升，可是她却高兴不起来，心情变得十分压抑，她经常感觉沉闷、抑郁，与同事关系也十分紧张。不但这样，小佳对自己的衣着、饮食、行为等方面的要求也很苛刻，每天早晨必须要用一个小时的化妆才能出门。而且上了班后还会特别留意其他同事的这些方面，并与她们进行比较。一旦发现自己有什么地方没有修饰好或者衣着有什么没有搭配好，就会感觉浑身不舒服，甚至会强迫自己改变以适合理想中的自我形象。

小佳的这种情况严重地影响了她的工作和生活，还使她长期失眠，并陷于压抑、痛苦、焦虑之中。

现实生活中，每个人都会有缺点或不足。心中有一个完美的理想固然是好，但过分地追求它就会使人陷入痛苦和烦恼之中，从而怀疑自己、讨厌自己。而现实又是不尽如人意的，总有些方面你是不如别人的，如果总是这样过分地关注自我，那你就总会发现自己的不足，从而感到自卑。

从上面的故事中，可以看出小佳特别在意别人对自己的评价。当获得别人的赞美时，她就会感觉自己是有价值的，心情就会格外高兴；相反，当别人对她表示不满时，那她会反复审查自己的行为，期望能符合别人的要求，长此以往，小佳就会变得异常敏感。

其实，一个事业成功的人对自己一定要有自信。只要是自己认为对的，就毫无犹豫地去做。这样，你的情绪就不会受制于别人，心情也会变好。

小佳拥有许多人羡慕的职业和地位，但她依然感到压抑、痛苦、紧张不安，可以说是谨小慎微、如履薄冰。不少人也许难以理解，但这可能确实代表了一批白领的生存状态。当下激烈的竞争环境使许多人危机重重，时常不知所措。

白领突击：

现代职场，有许多和小佳一样的职业白领都在承受着自卑的折磨。就拿小佳来说，要想克服自卑，首先要全面地认识自己的优点和不足。小佳的工作能力是得到上司欣赏和肯定的，这说明她在一个自己可以胜任的位置上，因此过于悲观是不必要的。其次，危机感本是进步的动力，而小佳的危机感过于强烈，已深深侵入生活的各个方面，成为对完美的追求。而完美是个永远到达不了的境界，只会带来焦虑和紧张。

［ "不想工作" 就不妨放弃 ］

　　每天清晨上班前，你的脑子里是否会闪现出不想工作的念头？如果被"不想工作"的心理压抑得喘不过气来，该怎么办？如果说"不想工作"是一个普遍存在的心理症状，那么"先行者"们都采取了哪些自我治疗方式呢？也许大多数人还是会硬着头皮一如既往地工作下去，可也有那么一部分人，任由"不想工作"的心态发展下去，却意外地展开了一段不一样的新生活。不想工作，让物质走开；不想工作，只与心情有关。

　　如今，"不想工作"成了一种普遍存在的心理状态，尤其在黄金周长假后表现得特别明显，"目眩头晕、精神不振、喜欢犯困以及面对工作头皮发麻"的表征，你是不是感觉很熟悉？

　　自从走出校园踏上工作岗位那天起，每个人便进入了无穷无尽的工作状态。一周五天，朝九晚五，机械化的工作就这么一而再、再而三地重复进行下去。日子一长，对工作倦怠的心态便由此而生。

　　也许在每天疲累的工作之后，不想工作的念头经常折磨着你的心灵。然而在工作和生活方式激荡变革的今天，身处"后工作时代"的我们可以有着更加自主的选择。不想工作意味着重新选择，不想工作然后更加懂得品味生活，不想工作然后回归快乐的生活本身。而个人不想工作的普遍心态也蕴涵着社会潮流变革的大趋势，更多的人从传统工作中解放出来，投入到更具创意的工作中去。

对于大部分人来说，不想工作是一种集体的心态。但事实上，能放任它并实现"不工作"的愿望的人却是少之又少。大家总有很多理由来说服自己，比如"我每个月还要供房"，"我玥年想买部车"，"下个假期要去欧洲度假"，这些五花八门的理由让"不想工作"只能成为一句心里经常浮现却又被现实战胜的牢骚话。

于是，绝大多数怀抱着"不想工作"想法的人，却只能硬着头皮继续工作。在精神高度紧张的工作中，期待着每周两天的休息日，但每每到了周日的晚上，又会对即将到来的工作日产生恐惧，于是又产生了一种奇怪的"周一恐惧症"。而每年几次的法定长假虽然能让人们得到暂时的舒缓，但却远远不足以平复不想工作的心情。这些场景想必你我再熟悉不过了，只是硬着头皮继续工作，这样的状态能持续多久？

天雅天生喜爱自由，工作对于她是一种痛苦的选择。她实在难以忍受一成不变的工作时间的束缚，因此她每份工作的时间不会超过半年。去年，在先生的支持下，她干脆辞职过起了全职太太的生活。

天雅说，在她看来，家庭胜于工作。而如今的家庭生活比起以往更加丰富，平日里，天雅在家看看书，每周学古筝，还考取了五级的证书。喜欢上上网的爱好也让她成为了网络论坛上小有名气的写手，还因此结交了不少拥有共同爱好的好朋友。最近，她家还添了一个漂亮的小宝宝，天雅说，比起工作，看着宝宝成长、照顾家里人的生活更加值得珍惜。看来，天雅这回是要将赋闲在家的生活进行到底了。

白领突击：

其实，"不想工作"这种心态很正常。这是人们在解决了基本的生存温饱问题之后，寻求个人发展的一种表现，也是人生选择多元化的一种体现。

　　"不想工作"的原因很多，有些人为了提升个人能力而放弃工作，全身心地投入到学习之中；有些人出于对上班无兴趣的状态，在工作环境中感到压抑、缺乏自由的空气，因此一心逃避工作；有部分女性为了更好地照顾家庭，不愿意让工作分散有限的精力而"不想工作"；还有些人自愿放弃了原有的工作，转而投身具有社会责任感的事业，比如环保、志愿者等公益活动。当然，个人的心理承受能力以及家庭的支持是实现"不想工作"的重要条件。

　　从经济学角度来看，"不想工作"的集体心态背后蕴藏着一种新的趋势，它在一定程度上将劳动力从传统格局中解放出来，使更多的人可以投身于更新鲜、更具有创意的工作中去，对现代工作方式、产业结构以及就业的组成方式有着一定的推进作用。

让不快乐
学会快乐

把那一堆快要抵到天花板的文件都扔掉，把金融危机的惶惶之心也收起来……用心感受让你快乐的事情　那些少年的梦想、成长的浪漫，还有被埋藏的兴趣和爱好……都将让你一一记起，忘记自己的年龄，让自己放松下来！

要知道每个人都会有许多让自己不快乐的事情和原因，但每个人的内心本能地向往着快乐，如果一生都是快乐，那还叫人生吗？关键是你如何面对自己的快乐和不快乐！

萍是一家广告公司的文案，别看她整天无忧无虑，对大家都微笑相待，但是她的内心却是不快乐的。萍是个在广州打工的外地人，到目前为止还没有一套属于自己的房子，工作成绩虽然不错，收入也不菲，但是工作紧张，一天下来什么都不想做，只想躺着。而她交往6年的男朋友却突然要到北方做生意，经济上的不稳定，感情也就无法稳定下来。眼看自己就是奔三的人了，婚姻大事还迟迟没有解决，但男友认为男人事业不成功，就无法谈论婚姻。

不快乐是一种情绪，这种情绪能在人的内心形成可持续的、联想性的阴影。快乐也是一种情绪，这种情绪能让我们将不快乐变成快乐，那么我们为何不学着让自己快乐起来呢？

白领突击：

在现实的社会中生存，我们必须学会快乐。快乐是一种思想，思想快乐，你就是一个快乐的人；快乐是一种情绪，懂得了控制情绪的方法，你就已站在了快乐的一方。寻找快乐是生命的本能，也是生活的技巧，当感觉自己快乐时，快乐就会陪着你，而你觉得不快乐时，快乐就会远离你。活得精彩也许不容易，但是要活得快乐相对容易多了，所以不精彩的人生，一定要快乐，其实快乐的人生已经是精彩的人生，不可强求，不可不求。

其实想快乐很简单，因为它不需要你用金钱购买，不需要用身份换取，快乐是一种心态，一种感觉，是自己的情绪，是可以控制和争取的。它没有遥不可及，孩子在玩耍泥土时是快乐的，他不需要担心衣服脏了，不担心有人笑他不讲究卫生，玩耍的过程就是快乐的过程。所以回忆童年时，很多时间觉得很快乐，是因为这些快乐是真实的，没有担忧、没有牵挂、没有干扰，只是为了玩耍而玩耍的快乐。当我们长大了就不能去玩泥巴了，因为那是孩子的游戏，可你能说这不是快乐吗？

快乐是自己的，别人无法替代也带不走，快乐是一种人生体验，没有统一的标准和方法，创造是人生的义务，享受是人生的权利。快乐是一种过程，过程是美丽的，欣赏过程就是品味人生，品味快乐，可是快乐的境界有高有低，从工作中获得的快乐好似享受灿烂的阳光，处处洒满它的光芒。因此在我们为生活而工作的时候，把工作当成寻找快乐的过程，兢兢业业，踏踏实实地做好每一件事情，在做的过程中学会享受，而不是要达到一个什么要求。这样也许你的心态就会平和很多，做完了当天的事情笑一笑，为自己的付出感到满意就已经快乐了，何必太在意结果呢？患得患失最后累的是自己的心，很多东西不可把握，可遇不可求，坦然处之，龙还要游浅滩，虎也有落平川的时候，我们的一时之失算什么呢？不妨都把这些不得意当作对自己的磨砺吧，也许风雨过后的彩虹更美丽，学会在工作里寻找快乐，在过程里把握快乐，快乐就常在身边。

失去也是
另一个机会

满脸的沮丧，一身的狼狈，装满杂物的纸箱，和办公室每个角落里偷偷投射过来的既同情又自伤的眼光……金融危机来袭，裁员与失业的冷意比冬天的寒冷来得更快。许多白领的邮箱里关于裁员的邮件日益增多，平时常去的网络论坛上，失业倾诉成了最火爆的帖子。

在职业场中努力工作的我们，也许曾经有过傲然地走在同道者的前端，升迁加薪、顺风顺水的时候，但是请在心中及时注入这个理智的声音："一切皆有可能发生"。也许在你自感春风得意的时候，也许在你觉得职场不顺的时候，也许在一个平凡无奇的日子，事业这个让人心中惧怕的情况便会来到你的身边。面对突如其来的变化，我们将如何面对、如何承受？

两个月前，阿晨还是欧洲一家半导体公司上海分公司的员工。

一天，她和部门里几个同事分别被人事部经理找去谈话，接受裁员的命运。部门里12个人，裁掉6个。

最初两天，阿晨整天闷闷的，不能相信这个事实。慢慢地，才意识到自己真的失业了。

每天看着老公匆匆忙忙地去上班，阿晨既羡慕又嫉妒，转念又想，幸好他还没被裁掉，还有一个人撑着。家里的收入暂时没受到太大影响，被裁的时候公司付了3个月的工资作为补偿金。但如果不能很快找到工作，家里就要出现经济危机了——房贷怎么办?

最近去超市,苏菲买什么东西都要货比三家,挑最实惠的买。最明显的一个变化是:"以前买酱油只买瓶装的、最好的,现在拿起来又放下,改买袋装的。"说到这儿,阿晨无奈地摇了摇头。

失业后,苏菲把简历重新包装了一下,投了不少公司。最初,她只挑知名的大公司,随着时间的推移,那些名不见经传的小公司也成为她的目标。"说实话,我已经有点崩溃了。去面试的公司,感觉也不怎么样,我要的工资也不高,可都没有下文。"

通常,一些被裁员的人会出现焦虑心理——觉得自己的价值被否定了;为什么被裁的是我而不是别人;不知如何面对家人;担忧将来的生活品质等等。没有被裁的员工则表现出"幸存者综合征",心理恐慌程度不亚于被裁的同事,担心"下一个可能就是我",原来对企业很有归属感的人也会感到情况说变就变,内心起了较大波澜。

"很无奈的,我真的成为失业族的一员,现在经济那么不景气,很多公司都遇缺不补,要不都是一些工作期限很短的,没有任何员工保障的工作,我真的好苦恼,我接下来的生活该怎么办才好?"

这是很多失业族的心声,关于一份安稳的生活保障,是大家最基本的希望,许多失业族面临失业压力时,失业族的心情大多会出现:感觉被孤立、失望、泄气、沮丧。这种负面的感觉一直伴随着失业者,直到心中的大石真正落下。

白领突击:

面对失业的现实,每个人都要经历一个转变的过程,过程可大可小,既包括社会大环境的转变，也包括将失业后的消极心理进行自我心理调适的过程。现代职场如同自然界任何事物的发展规律一样，都需要不断的竞争，才能发展。

那么，失业后，我们首先要做的就是消除盲目的悲观心理。有这种心理的人认为失业是彻底失败，进而觉得自身已不具任何价值，失去自信；或者遇事总想消极的一面，看不到积极和光明的一面。

其实，失业也是一好机会。失业后，你可以重新审视自己、了解自己，甚至可以说，你又可以进入一种新的生活。在这一个新的生活里，你可以自由支配自己的时间，完成一些想做但没时间、没有机会去做的事情，这未尝不是一件很美好的事情，所以想开一点心情也就会好很多。

[在嫉妒中
寻找平衡]

素不相识的人同在一家公司工作，这本来是一件幸事。不过，总有个别人看着同事做得优秀了，背后说人家风凉话。你嫉妒别人吗？你被别人嫉妒吗？遇到这样的事，你会怎么处理？

胡雪很有才华，在很年轻的时候就进入了一家外资企业。在职场打拼了近五年的时间，由于她才华出众，如今已经是一家大型企业的高层领导，薪水丰厚，家庭也美满。

胡雪对这一切自然很满意，不过胡雪更得意的其实是另一件事。虽然，胡雪已过三十，但依旧风韵犹存，气质出众。也正是因为如此，胡雪在每天上班时间，最喜欢听到下属们的赞美之词，"胡经理，你今天的发型真漂亮！""胡经理，这件服装穿在你身上真合体！"……

下属和同事的这些赞美之词都让她有一个好的心情。然而，前不久，公司来了一个新职员，年轻漂亮，充满朝气，职业装穿在身上显得格外高雅，于是，胡雪的光芒被这位新进职员所掩盖，每天午休时总会有许多的员工在向新职员请教护肤和保持身材的好方法。

这种形势让胡雪感到很不自在。于是她就利用自己的职权对这位新员工进行苛刻的要求，甚至有时还会给人家脸色看。

由于胡雪表现得太过明显，引起部门很多人的不满，有些人甚至站出来为新员工鸣不平。

　　胡雪也感到自己的这种做法有失领导的风度，而且也很容易给公司的高层造成不好的印象。于是就想主动示好，可一看到那张年轻、充满朝气的脸，心里马上又被嫉妒充塞。对于这种情况，胡雪感到非常苦恼，可也不知道应该怎么处理。

　　嫉妒心理是一种比较常见的心理现象，不同的嫉妒心有着不同的嫉妒内容，比如，地位、名誉、爱情、美貌等等。嫉妒的心理可以这样来描述：看见别人升职了，连说恭喜的语调都不对劲儿："你行，干得挺好，这回又能给你涨工资了。"背地里还得说："什么呀？我觉得他不够格，也不知道怎么选的人。升谁不好，怎么就升了他？"在嫉妒心的影响下，即使别人很有能力，你也会怀疑人家，总认为自己才是最出色的，而别人的成功靠的只是一时的运气，甚至你还可能在背后说三道四。这样的事在办公室里多得是。

　　当职场中人产生嫉妒时，多数人虽然心里不满，但能顺其自然，不过分计较，也有的人则会对此耿耿于怀，或者直接找领导去辩理，或和他看不惯的人吵架，或者悄悄地用心计，和自己的"假想敌"争宠，勾心斗角，也有的人则把对"假想敌"和领导的不满长期压抑在心里，一个人生闷气，甚至有人因此闷出病来。这些情况都可以称为是"职场嫉妒症"。

　　"职场嫉妒症"的危害很多，虽然嫉妒可能有一定的现实基础，但这毕竟是一种心理层面的敌意与竞争，既容易造成同事间不必要的冲突，也可能得罪领导，形成人际关系的恶性循环，对自身的健康不利。

白领突击：

　　嫉妒心是职场中很容易出现的一种正常现象，但如果处理不当，可能会给自己的人际关系带来很大的困扰。因此，当你产生嫉妒时，要及时调整自己的心态，将嫉妒赶走。

一般来说，摆脱嫉妒首先要正确评价自己，看到自己的长处。嫉妒别人时看到的是别人的优点没有看到他的缺点，人们总习惯拿自己的短处和别人的优点比较，从而激发自己的嫉妒。

其实，任何人与他人相比，都有不如他人的地方，你应该少去关注自己做得不好的方面，而多关注自己比较擅长的方面，所以，当别人某一方面超过自己时，你可以有意识地想想自己比他强的地方，这样你失衡的心理就会得到平衡。

[让时间
来作证]

当职场中的我们被同事伤害、被领导误会的时候，或多或少会产生想寻机报复的心理，但是却不懂得这样的心理给自己带来的会是多么痛苦和无法挽回的失败。

王靖刚工作时，在一家广告公司任职。刚上班的第一天，办公室有个叫孙楠的女秘书就对她鼻子不是鼻子，眼睛不是眼睛的。因为她初来乍到，王靖对谁都友好处之。别人还好，不知为什么孙楠就是看她不顺眼。

一次，经理让王靖做个文案，要求下班前一定交给他。王靖写好后准备给经理，可他不在，于是她等了一会儿。正好一位朋友约她下班后去逛商店，王靖就将文案从经理的门缝里塞进去就走了。

第二天上班时，经理把王靖叫过去，问文案做好了吗？为什么不按时交给他。王靖委屈地说："昨天因为没等到你，我就从门缝里塞进你的办公室里了。"经理一听就火了："做不出来不要紧，关键要实事求是。"说得王靖一头雾水，不知何故，就问这是怎么回事。经理不耐烦地看了她一眼："你做的文案，我根本就没看到。"王靖解释道："怎么会呢？我昨天下班前的确把文案从门缝里塞进来了，怎么会没了呢？幸好有备份，我马上拿来。"待她回去打开电脑，竟发现自己没有保存下来，王靖当时就慌了，这可是跳进黄河也洗不清了。王靖悻悻地来到经理面前，无论她怎么解释，他脸上的表情都告诉王靖情况不妙。

王靖神情黯淡地回到办公桌前，心情坏极了。这时，就听孙楠兴高采烈地同别人谈笑。第二天，就有几位关心王靖的同事问起这件事情。王靖就感觉很奇怪："你们怎么知道的？""是孙楠说的，这件事情公司的人几乎都知道了。"

后来，王靖听一位关系比较好的同事说，那天她加班，所以下班挺晚的。她看到孙楠从经理室拿出一个文件放进包里。王靖一想，对啊！孙楠是经理的秘书，有经理办公室的钥匙，她想取走这份文案不是轻而易举的事吗？

从此，王靖就想方设法找机会报复孙楠。一次，王靖又接到经理交办的一个任务，她故意将做好的文案放到桌子上，让孙楠有机可乘。果然孙楠下班后又想拿走王靖的文案，不过，却被王靖抓了个正着。王靖心理感觉特别痛快，但同事却在背后指责她小肚鸡肠，心里总记着别人的不好，事后大家在与她相处时总会显得小心翼翼，原本关系很好的同事也渐渐远离了自己。为此，王靖心里很是窝火：难道我真的做错了？可是，面对别人的陷害，真的可以做到无动于衷吗？

其实，仔细想想，何必为这些小事而耿耿于怀呢？大家的眼睛是雪亮的，即使你受到误会时，大家都误解了你，可是随着时间的推移，真相还是会浮出水面的。如此一想，很多事情其实都是无关紧要的，人在豁然开朗时，内心会体会到一种从未有过的美好惬意。

白领突击：

我们中的很多人或许很难做到心平气和地面对自己被冤枉和伤害，但当我们受到伤害时应该学会克制自己的情绪，不要心存报复。如果你真的有什么委屈，可以直接为自己辩解。如果对方听不进去，你可以等对方平静后再解释。千万不要因为一时的冲动而做出伤人伤己的事情来。

其实，因为一点小小的误会而大动干戈，真的没有这个必要。要知道，人的一生，暂时的得到和拥有可以有很多，但注定会随着岁月的流逝而淡化。更何况职场中的这些事情，就显得更加渺小了！与其获得一时的快感而伤了自己而，还不如坦然处之，付之一笑，让时间与事实去作出评价。

换一个角度来思考

在职场中，要想树立自己牢固的地位，取得自己事业上的成功，有两条道路可走：一条正道，一条邪道。邪道走得便捷，但不长久；正道走得稳实，但却永恒。在正道走的人，不免会遇到一些走邪道的人。这个时候，我们需要的是奋力以对，更需要换一个角度去思考对策，那就是坚强面对对手无理的挑战，巧妙地为对手点亮一盏明灯，这不仅是为了照亮别人，更是为了照亮自己。

做事先学会做人。照亮别人就是照亮自己，用自己的善良大度照亮迎面撞来的人，是保护自己的另一种手段。职场上，不管竞争有多残酷，自己还是要做一个坦荡的人。拥有完美的人格，才是最大的胜利。

小雨和小洁同在一家公司工作，平时关系相处得很不错。一次，公司为了征得更好的策划方案，倡导每一个员工都要积极参与，并决定对优秀者进行奖励。小雨觉得这是一个展露自己才华的好机会，一定要把握好。于是，她就开始积极准备，对市场进行了深入的调研，一个月以后，根据自己的调研资料和平时对市场工作的观察思考，很快就写出了一份非常出色的策划方案。

一天，小洁突然叹了一口气对小雨说："唉，小雨，你搞得怎么样了，我心里实在是没底。你的方案不是已经做好了吗？可以让我看看吗？"

由于两人私下关系甚好，小雨也不好意思拒绝，只好极不情愿地把自己的方案递给了小洁。但是令她没有想到的事情发生了。

在征集方案的评审会议上，按照公司的惯例，依然是由小洁首先起来对自己的方案进行讲解。小洁站起来说道："真是非常遗憾，我的电脑临时出了毛病，文件也感染了病毒，所以今天就只能用口头来表述我的方案，但我会尽快整理出书面材料的。"接着她就讲了起来。小雨一听，非常气愤，因为她讲的方案竟然是自己的那份。总经理并不知情，还对小洁的方案大加赞赏，并希望她尽快把方案整理出来，公司也好尽早做好实施的准备。

轮到小雨的时候，她不敢把自己的方案交上去，更不敢揭穿小洁的骗局。她害怕别人说自己不知好歹，更害怕总经理不相信自己。她站起来淡淡地说了句："对不起，我没有方案！"然后在众人诧异的眼光中噙着眼泪跑了出去。

平静下来之后，小雨准备去向总经理说明情况，但是想到自己无凭无据，总经理是不会相信自己的。可是现在不能认输，否则大家都会以为自己真的没有任何的能力。小雨思考了很久，敲开了总经理的门，请求总经理再给自己一天的时间，她一定会拿出好的方案。总经理只好答应了。

一天后，评优活动如期举行。小雨红着布满血丝的眼睛出现在现场，让所有人感到了吃惊，当然让小洁感到恐慌。经过总经理和其他中高层管理人员的评比，结果终于揭晓。小洁的方案获得了一致通过，同时还有小雨的方案也通过了评比。为了择一，总经理决定让二人进行讲解。

小雨先开始讲。她的方案不仅无懈可击，而且她在讲解的过程中把每一个大家提出的难点都予以满意的解答。轮到了小洁。她也蛮有把握地开始了。然而，有两个很关键的地方她无法解释清楚。面对大家的提问，她很尴尬。这时候，小雨走上前，给大家解释清楚了。总经理开始怀疑，小雨就把前因后果向大家解释了一通。总经理听后大为恼火。当场准备辞退她。但是小雨想到同事一场，这个结果她也不想看到，便向总经理求情。

小洁还是留下了。然而，从那以后，除了小雨很平淡地跟她打招呼外，几乎没有人再愿意搭理她了。不到半个月，小洁自动离职了。而小雨因她出色的才能得到了总经理的赞赏，被提拔到公司的中级管理层。同时，因她的善良大度获得了很多人的尊重。

白领突击：

在职场中，要信奉这样一个道理：是你的东西，终究还是你的；不是你的东西，终究也不是你的。因此，不是你的东西，你就不要挖空心思去谋获；是你的东西，就要大胆地去索取。小洁拿了小雨的方案获得了总经理的赏识和公司的奖赏，但是到最后却落得个身败名裂，这是一种莫大的耻辱。小雨开始的忍让与再次奋起，还有后来对小洁的宽容，无一例外地证明了她的人格魅力。所以，她才赢得坦荡而自信。

同在一个公司，自己要成功，最好不要在别人成功的道路上横插一杠，要学会助人助己。身在职场，做人做事就都要坦坦荡荡，让自己的人格来为自己铺就成功的正道，让自己优秀的品质来奠定自己成功的根基，这也是使自己永远立于不败之地的唯一途径。

情绪不好
你就喊

"你伤害了我，却一笑而过……"，那英的这首歌正唱出了办公室里那些受伤白领的心声。虽然"问题同事"很多时候并不是存心的，对别人造成的伤害却是不容置疑的。但人们总是在充满悲伤和痛苦时，希望得到别人的帮助和分担，当没有合适的分担人选时，同样需要宣泄，需要表达，需要释放。

情绪不好的时候，一定不要憋在心里。这时如果大闹一场，是可以理解的。但是，这样做经常会带来一些自己事后会为之后悔的不良后果。不发泄，埋在心里，就可能为未来的一次爆发种下了一粒种子，结果可能更不好。问题不是该不该发泄，而是该怎样发泄。

白领突击：

随着现代社会生活节奏的加快，人们经常会遭遇诸如事业受挫、工作困难、人际关系紧张等情况，形成沉重的心理压力，如果不能及时地排解，很容易形成抑郁症。在国外，一种新式的心理疗法正逐步开展起来，那就是喊叫疗法。

所谓喊叫疗法，就是通过急促、强烈、粗犷、无拘无束地喊叫，将内心的郁闷发泄出来，从而取得精神状态和心理状态的平衡协调。这样不但可以舒展情绪，对扩大肺活量也很有帮助。

喊叫疗法的步骤是：

1. 找一空旷处，放松站立，首先深深吸入一口气。在吸气的同时，左、右手握拳，右拳抬起，高过头顶，虎口向自己。

2. 呼气，瞪眼发出哼的声音，尽量延长，同时紧握拳。待气出尽以后，再用最后的力发出哈音，同时两手尽量张开。

3. 第二次深呼吸。在吸气同时，手势同上；呼气时，瞪眼，两手尽量张开，同时发哈音。气出尽时，再用最后的力发哼音，同时紧握拳。在做哼哈吐纳的同时，想象那些曾经有过的不愉快的人和事，对其发泄怨恨、不满的情绪。

朗诵诗歌和文章，也与喊叫疗法有异曲同工之妙，可以进行无害宣泄。性格刚直者，往往可以选择一些表现阳刚之气，感情激越的诗文来朗诵，以便疏导怨愤之气。性格柔弱者，则往往适宜于诵读阴柔、缠绵式的作品，以此消弭郁闷。某人与人激烈争吵，被朋友强行带开，回到家中仍气愤难平，然而最后他还是恢复了平静。问其故，答曰得益于诵读《雷电颂》。"雷！你那轰隆隆的，是你车轮子滚动的声音！你把我载着拖到洞庭湖的边上去，拖到长江的边上去，拖到东海的边上去呀！我要看那滚滚的波涛，我要听那的咆哮，我要飘流到那没有阴谋、没有污秽、没有自私自利的、没有人的小岛上去呀！我要和着你的声音，和着那茫茫的大海，一同跳进那没有边际的没有限制的自由里去！"朗诵着这样的诗句，他就觉得一身舒坦，心中的郁闷也随之涣然冰释。

唱歌也可与喊叫疗法相媲美。有位叫小刘的爱唱两句秦腔，有人问小刘为啥热爱秦腔艺术，小刘红着脸说："在家里老婆冲我吼，在单位领导冲我吼，只有在唱秦腔时才轮到我冲别人吼。"

当你情绪不好时，你也不妨经常唱唱，这样既能让你了解了心理释放的意义，又真能帮你好好释放一下不良情绪。

很多人觉得哭是不坚强的表现。我们有句俗语叫"男儿有泪不轻弹"，男性遇到多么巨大的压力都不能哭泣，哭哭啼啼的女孩子也总是被父母和朋友训斥，传统观念给予"哭"以太多的道德压力和束缚。在人们的观念里，哭代表着软弱，意味着没有出息。

但，哭是对人有益的，尤其是对人宣泄掉不良的情绪。研究发现：在他们痛快地哭过后，自我感觉都比哭前好了许多，健康状态也有所增进。更进一步的研究发现，人们在情绪压抑时，会产生某些对人体有害的生物活性成分。哭泣后，情绪强度一般可减低40%，而那些不爱哭泣，没有利用眼泪消除情绪压力的结果是：影响身体健康，促使某些疾病恶化。比如结肠炎、胃溃疡等疾痛就与情绪压抑有关。心理专家研究发现，人悲伤时掉出的眼泪中，蛋白质含量很高。这种蛋白质是由于精神压抑而产生的有害物质，有害物质积聚于体内，对人体健康不利。

其实，眼泪对于人类一直发挥着很重要的作用，在情绪激动时流出来的眼泪带有应激激素，是一种摆脱激动的最佳方法。即使哭泣会让你难堪，但它是一种信号，表明你紧张的情绪已经到了有损健康的地步。因此选择哭泣是一个明智的做法。

人需要释放不良情绪，但也有一定的鉴别力和克制力，具有健康的价值取向和道德标准，面对失衡和挫折，也不能随心所欲，任由自己心里的"魔鬼"自由进出。

自己
为自己着色

失败和成功只是一墙之隔。成功不是遥不可及的，重要的是如何抓住成功的机会，哪怕是很渺茫的机会，只要向前多走一步，成功就会属于你。这就需要你战胜自己的懦弱和平庸的心态。职场中，在应该打出自己"招牌"的时候就要勇敢地站出来，展现自己的能力，多走一小步，成功就会出现在眼前。

杜健是一位来自偏远农村的大学生，家庭经济状况不佳，但是学习认真刻苦，为人诚恳。然而，就是由于他无法正视自己来自农村又贫穷的事实，他很多方面总是刻意地掩饰自己。在与城市的同学竞争的时候，他往往不战而退。他总是害怕万一失败了，就会遭到很多人的耻笑。

毕业后，杜健应聘到了一家广告公司做文案。在工作上他积极进取。但是，不喜欢争强好胜的他还是默默地做自己的工作，他觉得只要做好自己的本职工作，业绩好了，就会赢得上司的赏识。而其他的才能，被杜健刻意地隐藏了起来，有时候遇到了发挥才能的时候，他在心里对自己说："我不行的，失败了会很丢脸的。"就这样，一年过去了，杜健还是在文案的位置上根本没有任何升职的机会。

有一次，杜健所在广告公司与一家中韩合资公司洽谈一项业务。当老板带着几个下属风尘仆仆赶到会晤地点时才发现，对方只有几位韩国人员在场。

老板看到这种情况，竟一时不知所措起来，连打招呼都不知道怎么打了。杜健懂韩语，但是这次会晤自己是没有发言权利的，如果表现出来，自己就违背职场规则了。但是，老板自己不懂，那么这笔大生意就泡汤了。杜健犹豫不决。他见老板对韩国人说的话只是点头微笑的应付，一脸窘态，觉得还是豁出去吧，就算只是帮老板解围。于是杜健走到老板跟前，轻声说道："老板，让我去试一试吧！"

老板很惊讶地注视着他说："你去？"

"是的，我去。"杜健点头答道。老板对杜健的话将信将疑，他认为杜健是在和自己开玩笑，平时没有任何突出能力的杜健怎么会有这方面的才能？老板更担心他如果是没这个水平的话，就要搅了自己的这次生意。但他自己一时竟再也想不出其他的解决办法，于是只得勉强同意杜健去试试，但再三叮嘱他说，如果不行就不要硬撑，要赶快住口。

杜健答应了，就和老板一起走到客户面前，主动同他们用韩语亲切而自然地交流起来。客户见杜健竟然能够说得如此一口流利的韩语，不禁暗暗生起敬佩之情。双方拉家常般地说了很多，然后顺利签订了合同。看着对方在合同上写下最后一个字，老板心里悬了半天的石头这才落了下来。这次，杜健在老板眼中不再是以前那个默默无闻的员工了，而是公司那一千万元合同项目的救命恩人，是一个有办事能力的员工了。自此，老板满心欢喜，自己身边竟有如此人才，而自己却没有发现。

3天之后，杜健就不再干先前的工作了，而是被老板任命去组建外事部，外事部的一切工作都由他一个人全权负责，另外，一年以后，老板又提升他做了公司副总。

杜健经常感叹，在职场上，重要的是如何战胜自己，从而激发自己的能力。如果那一次没有在老板一筹莫展的时候挺身而出，利用那一小步来充分表现自己，杜健恐怕现在还是一个默默无闻的小职员。

白领突击：

在职场中，不管是风平浪静还是暗流涌动，要想取得成功，就要敢于和能够为自己站出来争取机会，想办法让老板知道自己能做什么，并且做了什么，要让自己的价值和劳动付出得到最公正的对待。职场上本来就是卧虎藏龙的，你不站出来表现自己，谁会知道你是龙还是虎呢！

职场需要的不是无名英雄，需要的是轰轰烈烈的战将，含而不露并非是真的英雄，而是自己对自己能力和价值的亵渎和不尊重，更是一种对自己和对领导极不负责任的表现。因此，要成功，就要展开自己生命的画卷，自己给自己着色，而不要等待，更不要依赖别人。

做别人
不愿做的事

一个人能将别人不愿做的事做好，那么愿意做的事就肯定能做得更好；一个人愿意主动承担更多责任，那么对于自己分内的事情就会更认真负责。这个道理，你的老板一定明白。

做别人不愿意做的事情，表现出了一个人不一样的心态，以及他与众不同的能力。

日常生活中，有些人嘴边经常说的是："我就拿这么点工资，凭什么干那么多的事，我才没那么傻呢！"或者说："老板就给我这点钱，我何必卖那些傻力呢？"

在这里，大家都觉得自己聪明，不会去做傻事。但也有那么一些人，他们的所作所为，在其他人眼里干的却都是"傻"事。

刚参加工作的孙红，每天都要提前半个小时或一个小时上班。来了之后，不仅把车间里的办公室打扫干净，还把楼道打扫得干干净净。对此，有人就说孙红，你卫生打扫那么好有什么用，这又不是你的工作职责，更不能说明你的工作成绩，你看现在还有谁愿意干这种费力不讨好的事呢？别犯傻了！可孙红却说："如果来了客人，看到楼道里很脏，对公司影响多不好啊！"

孙红每天都认真打扫卫生，这也确实与她的本职工作无关，也更是其他人不愿意做的。可从她的身上，我们看到了她对公司的热爱和一种强烈的责任感。

很多刚参加工作的新员工，总想着要尽快展现自己的才华，更恨不得马上就一鸣惊人。他们不屑于做那些琐碎的事，更不愿意做那些与自身工作成绩不搭边的所谓"傻"事。

可是，从公司和老板的角度怎么看呢？他们的期望其实很简单：那就是年轻人一定要有最基本的素质，这是开展一切工作的基础。

有了良好的素质，工作上出成绩是早晚的，而如果不具备最基本的素质，即使出了点成绩，可能也只是暂时的。而这些基本素质说起来也很简单，那就是：责任、忠诚、敬业……

对于责任，不存在傻和聪明的问题，一个员工只有真正担负起责任，他才能真正展示自己的才华，才能在工作中完全发挥出自己的才华。

一个人一生最大的敌人就是自己，因为人很多时候总是自作聪明和自以为是。而那些最好的方法往往就是那些在聪明人看来是最原始、最没有前途、最笨的方法。而这些聪明人还总是认为只要聪明就足够了，他们总是不相信，也总是不能记住前人告诉过他们的经过很多教训总结出来的经验：成功从来都没有捷径，如果没有责任，就没有成功。

白领突击：

如果这项工作别人都不愿意做，而你去做了，自然可以很快出人头地。都有哪些事情呢？大到项目开发，小到打扫卫生、往饮水机里加水等。所有这些大家不愿做的事情，都是你的机会。

今天，你做别人不愿做的事。明天，你就会得到别人得不到的东西，你还能做别人做不了的事。

不要太在意
别人的评价

　　人都是要面子的，无论是在生活中，还是在人际交往中，都比较注意自己的形象，这是正常的，但不能死要面子而失去自我。别人对你的评价是有水分的，有的人总是挑好的话说。如果以此为据，你可能高估自己，自我感觉良好，于是可能轻视别人，忽视一切，自以为是。也有人可能专挑坏的讲，故意贬低你，这样你可能低估自己，自卑消极。所以在听取别人意见之前，首先要有一个正确自我评价，并以此为基准。

　　另外，别人看到的可能只是你的表面或一个面，真正全面、清楚了解自己的还是自己。只有天生没有主见的人才会整天打听别人的评价。虽然有时候可能会出现"当局者迷，旁观者清"的情况，但多数情况下旁观者的意见只能作为参考。

　　太在乎别人的"眼光"还有一个缺点，就是会使你做事放不开手脚，养成犹豫不决的性格。太在乎别人的眼光肯定会以失去自我、失去个性作为代价，没有自我、没有个性的人肯定成不了大事，也不可能知道自己的价值。

　　张先生留胡子已有好长时间，忽然他准备把胡子剃掉，可是又有点犹豫：朋友、同事会怎么想，他们会不会取笑？经过数天的深思熟虑后，他终于下定决心只留下小胡子。第二天上班时，他已有足够的心理准备来应付最糟的状况。结果却出乎意料，没有人对他的改变有任何评价，大家匆匆忙忙来到办公室，紧紧张张地做着各自的事情。事实上，一直到中午休息时没有一个人说过一个字。最后他忍不住先问别人："你觉得我这样子如何？"

对方一楞："什么样子？"

"你没注意到我今天有点不一样吗？"

同事这才开始从头到脚打量他，最后终于有人嚷出："噢！你留了八字胡。"

著名表演艺术家英若诚也讲过一个类似的故事。他出生在一个大家庭中，每次吃饭都是几十口人坐在大餐厅中。有一次他突发奇想，决定跟大家开个玩笑。吃饭前，他把自己藏在饭厅的一个不被人注意的柜子中，想等大家遍寻不到他的时候再跳出来。

不过令英若诚尴尬的是，大家丝毫没有注意到他的缺席。酒足饭饱，大家离去，他这才走出来吃残羹剩菜。

其实，在现实生活中我们也经常会遇到类似的事情。

很多时候，不管是一个什么样的人，不管这个人做不做事，是多做事还是少做事，到底做的是什么事，他都会招来别人的议论和评价。对于这些评价和议论，有些人以之作为行动标准，他们特别在意别人怎么看待自己，结果行动畏首畏尾，把自己搞得很紧张，总好像为别人活着似的，就如同故事中的老人一样。

其实是没有必要这样的，你既不是演员，又不是在表演，你的目的是要做好该做的事，又何必在乎别人的评价呢？

其实大家做事都是为自己而做，自己满意就可以了，或者能让一些人满意就够了。没有必要太苛求自己，只要尽力，不管是否成功，自己能感到快乐、幸福就好。学会适可而止，学会知足常乐。

很多"穷忙族"就因为很在乎别人的看法而步入越忙越穷的窘境，甚至

"穷忙"了一生。所以我们面对别人的评价时要泰然、轻松地对待，幸福和快乐是自己的感受和体验，与他人的评价无关。成功有时只不过是一种内心的感受。否则，欲望无穷，别人的挑剔也无穷，为了满足欲望、为了别人的不满意的评价而不停地忙，最终忙碌了一生也没有尝到成功的喜悦与幸福。

白领突击：

现实中，我们不要因为有人批评或说了你坏话就伤心、恼怒或记仇、伺机报复；也不要有点成绩听到了表扬就忘乎所以。如果所有的人都认可你，这样反而使你活得更累。按照自己的方式思考和行动，对自己负责。不因别人的评价而随意改变自己，或生活在别人的评价之中，因为任何事情都不能做得十全十美，人的一生短暂，时间稍纵即逝，你没有时间来为别人的评价而埋单，更没有必要把时间花在别人的评价上。别人的评价，只是别人对事物的看法。相信自己才是最重要的，过分在意他人的评价，只会让自己更加累。

把自己
视为主人

钢铁大王卡耐基就曾经说过：无论在什么地方，都不应该只把自己看成公司的一名员工，而应把自己视为公司的主人，从而负起主人的责任。

这句话不仅适用于职场，在日常生活中也同样适用。没有责任心的能力是没有任何价值的。在责任和能力之中，如果只选一个，任何一个成功的人都会毫不犹豫地选择责任。

日常生活有很多工作，而其中很多又都是难以用量化标准来衡量的，因此怎么做，做到什么程度大多要靠员工自己把握。这时员工的表现就会各不相同，很多人都会用自认为很聪明的方法去做，而有些人则是傻乎乎地去做。

洪雅所在的公司规定，每到年末，每个员工都要写一份总结，既要总结自己的工作经验，也要制定下一步目标，并提出工作中需要改进的建议。

公司里多数员工都讽刺它为最大的形式主义，并对它不以为然。而洪雅则不这样认为，因为她认为自己工作了一年，确实有很多感受，正好借此机会提出建议和设想。

于是，她开始用心来写这份总结，老员工们看她这么用心，都纷纷劝道："别犯傻了，从网上下载一个改改不就得了，这么认真有什么用？上千份的报告摞起来比老总的屋子还高，他会看吗？最后肯定是当废纸卖了。"

洪雅却没有理会，以前洪雅的建议最多走到部门主管那里就石沉大海了，而以她的职位和身份，想要见到老总当面陈述，也只能是一种奢望。这次洪雅有一种冲动，一定要借这个机会把自己对公司现状的看法和今后发展的建议详细而完整地写出来。

洪雅认为没有什么比一份图文并茂的报告更能表达自己的想法。于是，她每天晚上回到家，吃完饭后的第一件事就是冲到电脑前撰写报告。

一周之后，一本像时尚杂志般的年终总结送到了公司办公室，彩色封面上是公司的标志和宗旨，扉页上有目录和提要。正文由我的工作、我的总结和我的建议三部分组成。每一部分都有详细的数据和直观的图表，还用漫画形式展示了公司存在的不良作风和不好的现象。最后是对公司的诚恳建议和对未来充满激情的设想。

接下来的日子里，洪雅一下子成了公司的热门人物，因为公司的每个员工都在谈论这份不可思议的年终总结，都说真没想到年终总结也能写成这样。又过了三天，老总把洪雅请到了办公室，对她说："这次你写的总结，给我留下的印象很深刻。报告我看了三遍，你看问题很准，思路非常清晰，设想也很有创意。不过我最欣赏你的还是你对公司和工作的那份责任感。好好干，你也许需要一个更适合你的岗位。"

就这样，这个被他人认为是很傻的员工，走上了职业生涯的快速路。

就洪雅来说，你说她傻，的确好像是有点傻，但又没有傻子的特点，其实她只是把自己最真诚的一面表现出来。你说她精，但她又没有表现出自己的欲望，而且她只是做了自己分内的事情。因此她有今天的成就，并不是她的运气好，也不是她遇到了很不错的老总，而是因为她的努力和责任心实现了她的理想，造就了她的美好前途。

"傻"，可能经常被人提到，而且大多数人都不会选择自认为很傻的事。不过他们可能并没有意识到，这也许就是他们怀才不遇或处处碰壁的原因之一。天下没有免费的午餐，天上更没有馅饼掉下来，今天的辛苦和勤奋才有可能创造美好的前途和未来。

"傻不傻"，很多时候并不像外人所看到的那样，更多的时候只是给自己一个准确地定位，认认真真地做好本职工作，对工作付出极大的责任感，这样将很容易寻找到职业道路上的突破口，从而使自己的职业生涯变得高速和顺畅。

白领突击：

生活中，有很多被他人认为是傻人的人做事的标准都不只是把事情做对，而是还要用心把事情做好。在他们的心目中，自始至终都有这么一个原则——要么不做，要做就做到最好。对公司的事负责也就是对自己负责，绝不能敷衍了事。

习惯改变人生，我们大多数人都有惰性，不知道或者不愿意去自我改变。如果你总是整天抱怨自己的机遇不好，总是抱怨遇不到赏识你的人，那又有什么用呢，这能是聪明之举吗？其实真正应该做的是怎样让自己变得更加完美。

要想成为一个受欢迎的人，你就必须明白，负责才是真正的聪明。你只有认真负责才能不断提高自己的能力，也才能得到他人的赏识和认可。

第四章

巧妙理财，
给自己一个
无忧的未来

常言道："吃不穷，穿不穷，计划不到
要受穷。"这句话说得很有道理。我们不仅需
要有创造财富的能力，更要善于打理财富。只
有依靠科学的理财知识，合理地管理自己的金
钱，才能让工薪阶层家庭生活富足，才能让财
富的雪球越滚越大。

理财是个
持久战

所谓"理财"，简单来说就是打理自己的钱财。现代社会，人们的收入水平有了大幅度的提高，尤其是那些出入高档写字楼的职场白领们，当他们手头的盈余越积越多之后，他们就开始对盈余的钱财如何能够保值和增值变得十分关切。尤其是当他们手头上有了一份大额存单时，就开始蠢蠢欲动，希望能够通过合理的投资持续增加自己的财富而成为经济独立的有产者。但是，由于他们没有足够的时间对理财有深入地了解，就开始盲目投资，甚至有的人会天真地抱有这么一种想法：指望着理财能够帮自己很快地发家致富。

小肖就是这样一个投资者。一方面他不想让自己辛辛苦苦赚来的钱放在股市里冒风险，另一方面，他又想让自己的投资在最短的时间内得到很快的回报，经过慎重考虑，小肖在朋友的建议下，买了一支基金。他觉得基金的低风险与平稳收益对他这种谨慎胆小还想发财的投资者而言，是一个很不错的选择。

刚开始，他的基金表现优异，小肖每次上网站看他的基金时，都能由衷地感受到财富增长带给他的惊喜。然而，在接下来的几个月里，这只基金开始不断地"跳空"，反复考验着他的心理承受能力，耐住性子的小肖坚持认为它是在积蓄力量，酝酿反弹，所以暂时没有采取什么措施。然而，小肖发现他的基金还是暴跌，这只"鸡"变成了"瘟鸡"，长跌不起。小肖刚刚尝到了一点增值的喜悦，就眼看着这只他寄予了厚望的基金一落千丈。愤怒的小肖一气之下，不顾朋友的劝告，立马将这支基金低价处理了，并打算从此以后，再也不涉足投资理财了。

然而，过了不久，他就尝到了冲动的惩罚，小肖当初买下又抛弃的那支基金奇迹般地咸鱼翻身，一举创下了佳绩，而小肖的一时冲动，让他损失的，不仅仅是金钱，更是第一次投资失利的账单。

从小肖的经历中，我们可以得到这样的教训：不管我们多么地渴求财富，在投资理财的时候都要头脑冷静、踏实稳当。像小肖那样，在理财的过程中，想通过快进快出，很快地赚到大钱，想一想的确是很诱人，但是事实和经验告诉我们：从长期来看，严谨有度的理财方法往往收效更佳。

有关专家曾对此做过科学的研究：同样一种理财产品，你持有1年的话，负收益的可能性占到22%；持有5年的话，负收益的可能性为5%；而持有10年的话，负收益的可能性为0%。其中的原理就在于：任何投资理财都存在一定风险波动，如果你持有的时间越长，那么风险的波动就会更趋近于它的长期均值，也就是说你的风险会随着时间的延长而被中和掉一部分。当然，前提是你要选对真正有价值的产品。

另外，有理财专家经过长期的观察和调研发现：股票投资虽然向来被视为风险很高的投资领域，但能在股票领域上获利颇丰的投资者，却恰恰是那些坚持长期持有的群体，这和他们对投资产品的深入研究，同时具有长期持有的信念和决心是分不开的，无论市场波动多么剧烈，这些人始终采取持有的策略来应对。

不仅仅是风险程度高的股票，风险程度略低的基金亦是如此，据有关报道称，曾经有基金公司发起过寻访公司原始持有人的活动。调查的结果是，就该公司单只基金的收益来看，原始持有人的获利普遍超过了200%，远高于那些提前赎回或者中间多次交易的投资人的回报水平。

白领突击：

作为一个现代人，尤其是最具备理财年龄优势的年轻白领，应该从一开始，就对理财有一个清醒的认识，树立良好的理财心态，总有一天会从中受益。我们不需要达到成功人士的水准，但弄清楚市场基本的投资哲学和游戏规则，会有助于年轻白领避免将自己的辛苦钱捐给毫无预期的"市场黑洞"。

一个非职业的投资者，最担心的是投资市场中无所不在的"陷阱"，尤其是隐藏在大肆宣扬的回报率后面的黑箱操作。如果对自己的理财知识不是很有信心的话，最好咨询专业的理财投资师或者个人理财顾问，不要自己盲目下决定，这样，才能真正做到"理之有道"。

要知道，理财不是投机，而是细水长流、相对稳健的财富积累。如果我们指望着靠理财而一口吃成个胖子，最后只能让我们欲速不达，甚至适得其反。

因此，我们并不是只具备了理财的意识就足够了，对自己财产的打理，也要讲究循序渐进、长线操作、稳中求升。理财，既需要智慧，更需要耐心。

"月光族"
告别月光

　　随着中国经济的不断发展，越来越多的人都迈入了高薪白领的行列。但是，白领们的工资虽然高了，但每个月都存不下钱来，成了不折不扣的"月光族"。

　　"爸，我这个月的工资快用完了，能不能寄500块钱给我啊？"这是在北京某出版社工作的丽丽两天前给家母打电话所说的一句话。今年27岁的丽丽工作快5年了，可是她在银行的存款还是接近于零。每当家人问其要钱的原因，丽丽就不好意思地说："平常一领完工资之后，就想着怎么和身边的那些朋友去玩，反正又不用交伙食费。"丽丽的家境情况相当宽裕，用她的话来讲就是"从来不用为钱发愁"。

　　过惯了优越生活的丽丽，对自己目前那份工资显得很不满。习惯于用钱大方的她，对于日常的用钱安排就显得很无度。"前几天，我就拿着刚发的工资去买了一款自己喜欢的手机，接下来这段时间我就只能动用自己的私房钱，实在没办法就只能找老爸救济了。"丽丽说。

　　看着自己5月份的"账单"，丽丽说："单位发的钱太少了，哪够我花啊。其实我也很想节省一点，我特别羡慕那些每个月都能存钱的同事，曾经有朋友劝我每个月要制定一个理财方案出来，但我只是在没钱的时候才能听得进去，钱一到手就忘了朋友的建议"。

　　"月光光照地堂……"小时候，这句歌词常伴我们入眠。然而，如今它竟成了职场白领们生活的真实写照。由于物价上涨导致生活成本偏高、消费观念超前、理财经验欠缺等因素，不少白领在领到工资后没几天就花得所剩无几了，在下个月的工资没到手之前，他们不得不过着节衣缩食的日子，甚至伸手向亲朋好友要"救济"，成了不折不扣的"月光族"。

白领突击：

职场白领超前消费、留不住财，当他们要结婚生子时却发现囊中羞涩，从而带来了很多烦恼。因此，平时养成理财习惯成为当务之急。那么，处在月光族中的白领应该如何理财呢？

1. 量入为出，开源节流。

对于自己的工资，我们要有一个合理的规划。有的人由于初入社会，缺乏资产的积累，但又有许多必要开支，所以出现月光的情况也很正常。但不应该每个月都月光，所以应该学会量入为出、开源节流，每月一定要有节余，然后对节余资金进行增值安排以备急需所用。

2. 养成存钱的习惯。

"理财的本质是让你学会对自己的财富进行合理的规划，这样的习惯应该尽早培养"，对于月光族来说，最重要的还是控制消费，告别月光。比如，李先生的生活费支出占到月收入的80%，比率过高，所以当务之急就是一定要控制支出。还有一个80后的女孩，月薪在5000元左右，她告诉记者，她一个月光买衣服就要花费3000元，打车还要花去800元，每个月所剩寥寥无几，是标准的月光族。其实，对于月光族而言，不少消费支出都是可以控制的，主要是养成存钱的习惯。

不要掉入
刷卡的陷阱

　　小邓是上海一家颇有名气的杂志社的记者，已经工作快两年的她，虽月薪4000元，却仍然保持着"月光族"的本性，甚至变本加厉地常常刷爆自己的信用卡。朋友聚会聊天时，都在商量贷款买房、买车，只有她在独自埋怨，说自己每个月都处在透支——还款——透支的循环过程中。

　　有一次聚会，一位朋友实在忍不住，就问起她信用卡的事情。谈到她怎么会这样深陷信用卡债务的泥潭时，小邓说，用惯了信用卡，一般出门消费都是刷卡——买衣服、吃饭、唱歌都刷卡。结果，每个月拿到工资后，除了付1400元左右的房租和水电费，就是还信用卡里的透支款。然后，又开始消费……

　　现在社会上像小邓这样的"闪灵刷手"愈来愈多——从买房、买车贷款，到日常生活消费的信用贷款。现代社会的居民，尤其是年轻白领的消费习惯，已经越来越超前。"先享受后付款"已经成为不少人的人生哲学。

　　的确，同现金相比，一张小小的塑料卡购物，使花钱更为容易。使用信用卡购物时，很少有人会考虑"货比三家"。因为很多商家和银行会采用一些刺激信用卡消费的营销策略，最典型的就是在开信用卡户头时告诉你在哪些商场、哪些咖啡店你可以享受10%或者20%的折扣，很多人都会为了这些折扣而掉入刷卡的"陷阱"。所以，最好不要参与到这种盲目刷卡消费的游戏中去。当然，如果你喜欢这样的消费方式的话，就要保证每月都能付清所有欠款。信用卡的最主要用途，是用来应付你一时的资金紧张状况，比如大宗消费品的分期贷款或者应急取现，而非进行这类日常的可有可无的消费行为。千万不要依赖信用卡来生存，更不要从一张信用卡上取钱来付清另一张信用卡。

白领突击：

如果你真的想使用信用卡，那么可以采用自己记账管理的方式。因为，银行给的对账单不是随时可以看到的。相当于在你消费之后，才给你机会发现自己消费过程中的不当。这样，非常不利于你对自己资金的管理。从现在起，在你的钱包里，放一个记录每笔信用卡购物和日常消费的索引卡片，根据卡片的记录查看你每月的花销，给自己定一个每月能支付的极限数额，一旦超过这个上限，你就应该放弃你的消费欲望。累计下来，你会惊喜地发现，避免冲动消费，节约了不少钱，这对正在进行信用卡账务管理的你来说，心理上会有一种成功感，会促使你更加合理地约束自己的信用卡消费行为。

至于这个限额怎么来确定，可以参考这样的公式：信用卡最高消费额 = 收入 − 日常现金开支 − 储蓄目标额 − 投资目标额 − 信用卡还款额。一定要有目标，然后努力朝着这个方向前进，才能让自己成为收入支配的主人。

另外，不要保留多余的信用卡。

使用信用卡会产生很多成本，包括年费、取现利息、透支利息和高额的循环利息，所以多拥有一张信用卡，并非像金融机机构广告上说的那样——彰显你的高贵身份，而只会消耗你的金钱，甚至会养成你的不良用钱习惯，也不利于你进行家庭财务核算。另外，如果留下信用不良记录，不仅手上的信用卡都会被陆续强制停卡，未来要申请贷款、再办信用卡等，通通都会被拒绝或增添麻烦。这种严重后果是每一个持卡人在享受刷卡快感时，都必须考虑到的重点。

　　因此，不要保留多余的信用卡，更不要因为推销、折扣等因素开立越来越多的信用卡户头。如果你已是"卡奴"，那么就索性把卡片剪掉，彻底拒绝消费的诱惑。出门时可以改带一张所存金额不多的借记卡，而非可以透支的信用卡，以应付某些不必要的刷卡之需。毕竟，想成为富人，想生活得更好，就得先学会如何控制消费欲望，才能进一步累积资产。年轻时拼命进行透支型消费，以后怎么过？喜欢刷卡消费并已有一堆卡债的年轻人，一定要下定决心，正视自己的负债情况，控制自己的刷卡欲望，才能早日脱离被卡债压得喘不过气的卡奴生涯。

钱要用在点子上

　　沈驰终于租到了一个店面，打算加入一家音像连锁公司，开间音像店。沈驰非常喜欢音乐，在挑碟片的过程中，发现音像店很赚钱，利润率能达到20%。正好手头有点闲钱，不知道该怎么投资，于是就决定开一间加盟店，在不影响正常工作的情况下，雇两个人经营，自己做个小"资本家"。

　　像沈驰这样的白领，为了投资而当上业余老板的人群正在日益扩大。但是白领老板们投资的店面大都不会亲自经营，也未必懂行，只是希望在挣着稳定工资的同时，为自己手头的资本找一条出路。总的原则是：只出资本，不出精力和时间。然而，要做好这样的小资本家，显然也不是件容易的事情；弄得不好，"赔了夫人又折兵"。

　　许多白领把开店想得很简单，可开店过程其实是对个人素质和能力的全方位挑战。

　　广州的王星是一位记者，他在业余时间开了一家咖啡馆。在他看来，即使对利润多少不是很看重，但作为一项事业，也必须考虑到它的生存、盈利，这不是单凭理想或者爱好就能解决的；而且在经营不顺时，不会像原先想的那样洒脱地放手，也不会甘心让这份事业停止下来，这就会影响到本职工作，这些都应该在开店前就考虑清楚。

　　此外，除了花时间，开店要和方方面面的人打交道，一个人的精力不一定顾得过来。最简单的例子就是，原本朋友们到店里捧场是件好事，但一些朋友常在午夜里光顾，还非得要武先生奉陪。时间一长，大大影响了他白天的采访工作。

以他的经验看来，尽管从一开始就下定决心不花太多精力，但如果没有得力的帮手，那么这份小投资肯定会让人牵肠挂肚，耗费很多时间和精力，甚至于影响到正常工作。

为了减少时间和精力支出，大部分白领老板们更倾向于通过特许加盟的形式，来解决货源和管理的问题，从而就可以少花点时间。但连锁加盟除了要交高额加盟费外，还要防止上当受骗，所以风险也是很大的。

白领突击：

白领要做好小"资本家"，还是应该花些精力，为自己设计一个既省力又有效的模式。

首先，在投资前期要做好准备防范风险。

开一间小店对于家底殷实的白领来说，有着很大的升值期待，但如果不懂得经营之道，创意再好，也有可能亏本。所以，在投资前，首先应该对项目和选址以及经营方式都要有一个整体的考察，深入了解后再做决定。

其次，在经营中期要请懂行的高手。

白领开店最大的愿望就是自己平时能放手，所以一般都要雇店员或者找人合伙经营。日常经营中发生的现金流动、大小事情，都必须交代给一个负责具体经营的人，其人选是经营成败的一个关键。

最后，在经营后期，把时间用在刀刃上。

白领开店最担心的自然是会不会影响本职工作。在经营过程中，每周至少要有一两天时间呆在自己的店里，因为白领工作比较忙，对于这些宝贵的有限时间一定要用在刀刃上，要懂得用有限的时间抓住管理中的主要矛盾。比如关心员工的生活状况、为他们及时排忧解难、调节店员之间的矛盾。因为白领大多数时候不在店里，只有这样才能让员工把店当作自己的家，才能够有好的服务态度，使顾客满意。

合理筹划
收入避税

对于大多数白领来说，理财仅仅局限于储蓄、购买银行理财产品等。其实，在日常收支过程中，进行合理合法地避税，也可以实现资产的有效增值。

收入避税就是针对自己的收入状况，加以巧妙合理的分解，降低纳税征收点，合理避税，从而提高自己的实际收入水平的一种避税方法。

那么，究竟如何实现避税呢？

白领突击：

依法纳税是公民应尽的义务，虽说纳税光荣，但如果能顺便利用税收优惠政策实现避税又何乐而不为呢？由于国家政策，如产业政策、就业政策、劳动政策等导向的因素，我国现行的税务法律法规中有不少税收优惠政策。作为纳税人，如果充分掌握这些政策，就可以在税收方面合理合法地避税，提高自己的实际收入。

首先，通过福利安排来降低工资税率。

因为税务机关对职工福利和工资收入的税务安排不同，公司不妨在政策范围内多发放劳保福利，从而帮助员工合理避税。

张某是一家广告公司的设计，他的月工资8000元，每月的租房费用2000元。按《个人所得税法》规定，在工资收入所得扣除1600元的费用后，对于

500元至2000元的部分征收的税率是10%，2000元至5000元部分征收的税率是15%，5000元至20000元部分征收的税率是20%。按照小孙的收入8000元计算，其应纳税所得额是8000元－1600元＝6400元，适用的税率较高。如果他在和公司签订劳动合同时达成一致，由公司安排其住宿(2000元作为福利费用直接交房租)，其收入调整为6000元，则小王的应纳税所得额为6000元－1600元＝4400元，适用的税率就可降低。

其次，分摊工资收入，每月平均拿。

在我国，个人所得税采用九级累进税率，纳税人的应税所得越多，其适用的最高边际税率可能也就越高。所以，当你作为纳税人在一定时期内收入总额既定的情况下，其分摊到各月的收入应尽量均衡，最好不要大起大落，如实施季度奖、半年奖、过节费等薪金，会增加纳税人纳税负担。

毕勇是某IT企业销售经理，每月的工资收入主要有两部分，一部分为固定工资，每月5000元，而另一部分为销售提成，公司年底的订单数量按比例提成。去年底毕勇生应该拿10万元的提成，公司财务人员告诉她，这笔提成要交纳近3000元的税金。毕勇灵机一动，要求公司把提成在明年按月发放，这样他就很巧妙地避了税。

最后，补充公积金来免税。

按照税务部门的有关规定，公民每月所缴纳的住房公积金是从税前扣除的，财政部、国家税务总局将单位和个人住房公积金免税比例确定为12%，即职工每月实际缴存的住房公积金，只要在其上一年度月平均工资12%的幅度内，就可以在个人应纳税所得额中扣除。因此，大家可以充分利用公积金、补充公积金来免税。

程先生是一家地产公司的企划经理，每月应发的工资加奖金一般都在

15000元左右，缴纳住房公积金和养老保险后约剩12000元，每月要缴纳个人所得税2000元左右。这笔钱对他来说是一笔数额不小的"损失"，精明的程先生直接找到公司上司申请每月多缴一些住房公积金，这样他就做到了合理"偷税"，因为公积金是不用交税的，而且已经买了房的程先生随时可以提取公积金。

摆脱
"房奴"生活

现如今，"房奴"这个名词已经越来越成为我们社会所共同关注的热点。"房奴"，房是房屋的房，奴是奴隶的奴，意思是房屋的奴隶。"房奴"是指城镇居民抵押贷款购房，在生命黄金时期中的20到30年，每年用占可支配收入的40%至50%甚至更高的比例偿还贷款本息，从而造成居民家庭生活的长期压力，影响正常消费。购房影响到自己教育支出、医药费支出和抚养老人等，使家庭生活质量下降，甚至让人感到奴役般的压抑。

通常来说，"房奴"就是指家庭月负债还款额超过家庭月收入50%以上的家庭，此类家庭因为负债率较高，已经影响了家庭生活的正常品质。按照国际通行的看法，月收入的1／3是房贷按揭的一条警戒线，越过此警戒线，将出现较大的还贷风险，并可能影响生活质量。以国内目前的经济发展水平，居民住房消费支出超过家庭收入比重的30%就存在着过度负担。有关调查显示，目前约31%的购房者月供占到月收入的30%以上，已超过国际上公认的住房消费警戒线。洪彬就是众"房奴"中的一员。

郝小姐贷款买房后生活水平不断下降，现有25万元存款，希望通过理财来为自己沉重的房奴生活减压，理财师为其规划了25万元存款的投资方案，并建议在每月工资满足基本消费之余，进行适当的投资，并要尽量做到开源节流。

洪彬有着一份很多人都羡慕的工作，30岁，未婚，公司白领，月收入

6000元，喜好旅游度假，体育健身，汽车驾驶，是一个名副其实的单身贵族。

不过好景不长，看着去年的房价一直上涨，洪彬咬牙买了一套房子，从银行贷款40万元。

自此开始，他成了名副其实的房奴。每个月的工资去掉日常开销再还完贷款就所剩无几。他再也不能像以前那样定期出去旅游、健身了。虽然住进了新房，但是一年来洪彬却感觉生活的水平却在不断下降。现在洪彬手中有25万元的存款，原本打算作为以后的养老金，现在她希望通过购买基金来为自己沉重的房奴生活减压。

白领突击：

为了提供与洪彬个人状况相适应的理财策略，需要对洪彬的就业状况、家庭负担、置产状况、投资经验、投资知识、忍受亏损、认赔动作、赔钱心理、投资成败等风险承受类型及风险态度进行测试。

经过测试，洪彬的风险态度得分为24分，风险承受能力得分为79分，属中低风险偏高、中高风险承受能力人群。同时，洪彬在日常生活中对通货膨胀、资金安全性、流动性、收益性以及目前的收入水平、投资管理便利性等十分关注。

结合洪彬的具体情况，减轻房贷最好的理财方法是充分利用现在持有的25万元存款，在每月5000元的工资满足基本消费之余，进行适当的投资，并要尽量做到开源节流。

洪彬想通过购买基金来摆脱现在的困境，因此在选择基金时应该把握以下三点：

首先，如果选择股票型基金，要注意观察，在股票型基金持仓结构中，持有股票的比重应不超过70%。这是从控制风险角度出发，为减少可能因市场的下跌带来的损失。选择基金股票仓位低的，可避免带来更多的损失。因此，建议洪彬选择低风险的基金品种，或者选择已入市的股票仓位较低的新发基金。

其次，所选择基金规模应该适中。在目前还以震荡为主基调的情况下，基金规模过大，往往给基金带来运作上的难度和成本上升；过小又不能把握更多的机会，同时应对赎回存在流动性的风险。

最后，对基金持仓股票要系统分析，避免出现类似宏达股份持续的跌幅对基金净值带来的冲击。建议基金组合：易方达价值精选、华安宏利、景顺长城鼎益、工银瑞信大盘蓝筹。

让年终奖
变成生财树

旧的一年已远去，新的一年已到来，对于上班族家庭而言，经过他们一年的辛勤付出，期待已久的年终奖，终于可以尽收囊中。如何才能让这笔钱真正变成各类上班族家庭的一棵"成财树"呢？

白领拿到年终奖，除了必要的年终消费，其余的钱如何打理成了很多人眼下关心的事情。

往年，绝大部分供房者会选择提前还贷，而其余的人也会习惯性地选择存银行。但是，在经历了股市暴涨后，很多白领在年终奖未到手时，就已计划好了用处。

在外资公司工作、月收入近万元的陈小姐说，她和一位同事已经商量了好几次，决定把年底能拿到的两万元年终奖去买基金。她的朋友去年买开放式基金普遍收益丰厚，让她也想投资基金。

而先买基金，等赚了钱再来还贷，这是眼下不少供房者的如意算盘。更有一些投资者想直接把年终奖投入股市。"从去年下半年起，我跟着一个在证券公司工作的朋友炒股，收益也不错。"一位新白领股民表示，她就等着年终奖发下来可以追加资金。

如今，在金融危机的影响下，我们每一个人都多多少少受到了危机的波及，物价上涨，通货膨胀给我们的生活带来的压力。在此非常时期，年终奖变成生财树就变得更加重要。

"年终奖马上就要发到手了，部门领导说因为效益不算太好，年终奖比去年少了一半，大概只有1.5万元。"一家房产公司的设计师田方说。

田方今年28岁，她还是单身，由于经济负担较轻，以往的年终奖都犒劳了自己，没做任何理财方面的规划。但今年的状况不同了，她觉得年终奖的缩水意味着未来的工资收入有可能减少，加上随着金融危机的蔓延，自己未来的生活存在一定的不确定性，因此她准备理财，看看该如何打理这笔年终奖。

白领突击：

在全世界还未摆脱金融危机阴影的情况下，银行理财市场，还是应以稳健、保守投资为主，过于激进地投资理财并不合时宜。低利率状况也会延续，如果想取得较好收益，要仔细权衡。对银行理财产品而言，产品投资期限不宜一味追求短期化，考虑到收益，应逐步适当延长投资期限。以下有两个方法，你不妨参考一下：

方法一：充实自己提升能力

有句话叫"把钱装进口袋不如装进脑袋"，田方作为职场中人还很年轻，最佳的年终奖花法当然是用来充实和提高自己，以此提升竞争力，使自己在激烈的职场竞争中更加游刃有余；用年终奖为自己充电，是任何投资所不能比拟的。

方法二：求稳妥选低风险产品

一种办法是购买固定收益的理财产品。这种产品一般期限较短，不可提前支取，不可质押。

另一种办法是投资国债或企业债。事实上，国债是非常好的理财产品，特别是记账式国债，期限短、风险基本为零，每年可以产生稳定的现金收入。

第三种办法是购买货币市场基金，或到银行存一年以内的定期存款、通知存款等。这种投资方法考虑更多的是如何保持手中资金的流动性，在需要时很方便的取用等问题。

第四种办法是如果田方经济基础比较好，可以考虑投资基金的方式。在投资时可以关注指数型基金和封闭式基金，根据市场情况分批买入。

给自己
留点零花钱

　　从父辈们的勤劳努力只会工作不懂休闲、节俭吝啬不会花费，到了今天年轻人的"花明天的钱，享今天的福"、"能花才会挣"、"短途旅游、健身、美容"，我们可以看出，中国中产阶级的生活比他们的父辈精彩多了。虽然我们不提倡过度的注重享受，但是理财专家还是建议各行业的白领，在积蓄与投资时，应该让自己学会享受由理财带来的生活质量的提高和生活水平的进步。只有这样，才能让理财变得更加有意义，否则，只知道赚钱，不知道享受生活，只想着积蓄而不想着支出，那岂不成了一个现代版的"吝啬鬼"了？

　　小敏在一家设计公司担任会计，老公是一家外资企业的部门主管，夫妻月收入达到15000多元。宝贝儿子今年5岁，上幼儿园。

　　一直以来小敏却为每个月高的哀悼10000元的高支出发愁，而且她不止一次地向朋友诉苦道："我们一家虽然拿着高工资却几乎没有积蓄，更不用说什么投资了。都说我们是中产阶级，可是我们一天也没感觉到已过上了中产水准的幸福生活。每个月都需要按时归还银行贷款，为了社交活动还得购买品牌服装。为了攒钱，一天到晚累死累活，开心享受的时候几乎没有。我不知道多少钱可以让我们生活得舒适？"

　　应该说，小敏一家的状况并不是个别现象，很多都市人都面临着这样的问题：房子需要更大的，衣服需要更贵的，汽车需要更豪华的……最懂得努力工作而不懂得充分享受生活的现代人，单调的生活却始终伴随着他们。虽然收入一路上扬，存款也在不断地增加，但生活并未有多大改变。

那么，究竟怎样才能改变现状呢？

白领突击：

21世纪，除了文化娱乐以外，人们越来越关注健康与生活质量。这个时候，人们渐渐开始认识到，人不仅要学会生存，还要学会提高自己的生活质量。如今，这已经成为大多数中产阶级的生活方式。

一个人在有生之年要好好享受生活，但并不是没有节制的，要根据自己的收入来决定自己的生活水平，不要让自己成为一个不敢花钱的吝啬鬼。生活是美好的，生活中更有许多东西值得你去享受。

为了个小敏一家更好地去享受生活，理财专家给小敏制定了这样的理财计划：

银行房屋贷款：2000元

物业管理费：800元

女儿学费：500元

女儿零用钱：100元

美容：500元

饮食：1000元

娱乐休闲：600元

旅游基金：700元

意外支出：500元

老公的零用钱：600元

自己的零用钱：500元

银行存款：2000元

这样算下来，小敏一家用于享受生活的费用为3500元，其中包括娱乐休闲、旅游基金、美容、零用钱，这些占到了每个月收入的30%。如此以来，小敏的一家就可以充分地享受到由于努力工作和财富的增加而带给自己的生活了。

为未来宝宝
早理财

养育孩子，从理财角度来分析，孩子的养育将会直接增加家庭费用支出，主要包括孕妇的营养保健费、幼儿用品费用、教育费用等，这是必须优先、绝对服从的专项支出，因此在这个阶段家庭现金流的有效管理显得尤其重要。

孙潇，今年34岁；张小妹，28岁，双方都在事业单位工作。夫妻结婚多年，准备今年要孩子。

孙潇家庭月收入约1.5万元（18万元/年），每月家庭支出为5600元（通讯费600元，生活开支1500元，日常消费1500元，家用车开支2000元），此外还有每年保险费支出约7000元。他们家的主要固定资产是家用小车1辆，房产1套（面积120平方米）。金融资产为储蓄30万元，无其他投资，也没有做过任何银行理财产品方面的投资。夫妻两人都有社会保险，单位提供公费医疗，各有一份保额10万元的重疾险，除此之外无其他商业保险。

孙潇一家年总收入为18万元，扣除每月开支及保险费后当年留存可支配资金为10.58万元、房产1套。夫妻两人各有一份保额为10万元的重疾险，共20万元。

目前孙潇一家无负债，财产可充分打理，但金融资产只有存款，配置过于单一，收益太低。虽然目前过的是两人世界，但孩子出生后，面临小孩抚养费和教育金的筹备，家庭负担将会增加，属于无近忧但有远虑的小家庭，非常有必要早早做规划。

对于夫妻双方都拥有稳定职业的孙潇一家来说，目前的家庭财务状况比较健康，并无不良的消费习惯。投资理财方面也兼顾了保障、金融资产和固定资产的投入，但是金融资产方面的投资选择了过于稳健的方式，纯粹作为储蓄性质的金融投资是远远不够的。提供以下建议供孙潇一家参考。

其一：做好投资规划

目前国内的CPI指数远远大于一年期存款利率，居民储蓄明显处于负利率状态，如果国内金融环境不发生变化，在往后的时间可能这个差距将越拉越大。所以建议孙潇一家有必要对金融资产的投资做一个结构性的重新配置。

孩子将于今年出生，所以短期内还要保持资金的流动性和灵活性以应付小孩出生等突如其来的支出。所以在做投资结构调整的时候，建议张先生把10万元放在银行短期理财产品或债券型基金这类产品上，10万元购买股票型基金。孙潇夫妇两人收入都比较稳定，抗风险能力相对较高，因此，他们在选择投资产品时可选择一些风险系数较高的产品以达到较高的期望收益，10万元可以投资纸黄金。

其二：做好备用金储备

一个家庭总会有一些突如其来的支出，根据每月家庭消费支出情况，留出1万元做家庭备用金，建议以货币型基金方式持有。因为货币型基金有较强流动性，同时还能获得高于定期存款的收益。

其三：做好子女教育金规划

孙潇一家每年大概的留存资金为10.58万元，即每月生活结余8800元。但在小孩出生后每月要增加生活开支，为孩子建立教育基金以及张先生夫妻的养老金，可以通过基金定期定额的方式来准备。基金选择上，以规模较大的基金公司，走势平稳的基金为主。

省来的 就是赚来的

伴随着金融海啸愈演愈烈，央视《直击华尔街风暴》等节目热播之际，裁员、减薪也成为白领近期关注的热点词汇。近日，关于省钱的帖子成为各大白领论坛里的热门。衣食住行样样能省，省来的也就是赚来的，成为不少都市白领的目标。

新兴的"抠门族"正越发壮大，压倒了过去曾风靡一时的月光族、乐活族等族群。

在种种压力之下，曾经被视作高消费典型群体的白领当中，正在诞生一群省钱高手"抠门族"。因此，"白领"也多了个新的意义，工资白领，能省多少就省多少，全部留起来。

大伟大学毕业一年多，在王府井附近的一家公司从事审计工作，曾经每月收入8000多元，在平常人眼里，他的日子应该过得挺滋润。

不过受金融危机的影响，他的情况发生了变化。3月份时，父母担心房价上涨，和大伟商量在三环附近买了一套100平米左右的房子，预备将来作婚房。这次买房动用了家里的全部存款，首付款付清那天，大伟银行账户上的数字也全部清零。

后来，股市暴跌，资产"缩水"，房价下滑，连中午吃的炒饭也涨了10元钱。最令人郁闷的是，就在同时，公司为了节约成本，宣布员工减薪，大伟名列其中，收入减至6000元。

现在，所有的账面已经很清楚了，每月要基本开销，要扣除2300元的房贷，在工资短期内没有可能迅速上涨，生活成本还在继续增加的前提下，要筹出结婚费用，大伟只有靠省。

大伟认为，如果只能省，那就要省得快乐些。这是一个很特别的想法，也是很多和大伟一样正在省钱的小白领的想法。

下面让我们来看看大伟的省钱技巧吧：

大伟月收入6000元，可他把每月的消费控制在1000元。

大伟从来不认为省钱是件丢人的事。他和女友至今没有走进过电影院，当然也不会花几百元去吃浪漫的烛光晚餐，他赚得不少，省得更多，是大家公认的新好男人。

怎么让一个月的开销缩进千元以内，大伟自有一套。

他说他虽然省钱，但从不刻薄自己，省钱省得很开心。

大伟省钱计划的第一步是从省交通费用开始的。

公司每月交通补贴500元，原本从家到公司坐地铁，每月车费100元左右。为了在这笔开销上动点脑筋，大伟开始选择了骑自行车上下班，从家到单位，大约有45分钟的路程。

他把骑车当成锻炼身体，另外又加了几条关于"骑车好"的理由，如不用挤地铁而被踩脚，时间可以由自己掌握，不容易丢手机、钱包等等。

大伟省钱计划的第二步是从减少午饭开销开始的。

公司每月饭补350元。本来，带饭是最好的省钱办法，然而公司迄今为止没有带饭的先例，大伟自然不好意思冒头，可公司附近的商务套餐二三十元算起，这么一算，每月还要倒贴300元才够。大伟于是就搜索起了公司附近的小饭店，他尽量将每顿饭控制在15元以内，这样每月开销就能控制在350元之内。

可是地段好，小饭店消费也不低：一盘最普通的什锦炒饭十几元，端上来一瞧，就是隔夜饭加点油在锅里翻一翻；一份2荤2素的盒饭要15元，口味差得吓死人；就连一碗普通的羊肉拉面也要14元……但是，只要能忍，无论如何，吃饭成本控制住了。

大伟省钱计划的第三步是从穿衣方面开始的。

大伟从工作到现在，总共拥有6件衬衫，自己买过3件，妈妈买过1件，女友送过2件，他只在打折时候淘自己喜欢的款式。

大伟省钱计划的第四步是从约会开始的。

省自己容易，可每周2次约会不能少，这部分既要省，就得动脑筋。

女孩子喜欢逛街，于是大伟和女友约会的方式常常是逛街。但逛街并不意味购物，"我们经常逛一天，什么东西也不买。"

除了逛街，唱歌也是这对恋人的共同爱好。他们常常选择KTV的打折时段——周末上午去，3个小时20~30元。"不用排队，又唱得尽兴，多好。"

当然，一起去曾经的大学校园走走也是浪漫的约会方式。

约会要吃饭，两人最常吃的是小吃店、茶餐厅，人均消费五六十元，"我们对吃的要求都不高，也不喜欢那些拘谨、奢侈的地方。"

最多的花费是给女友买零食，"她不喜欢出门运动，最爱坐在电脑前看肥皂剧，所以，我只要准备好大堆的零食就行了。"

经过大伟的省钱计划，他基本是把自己每个月的消费控制在了1000元以内。可是他也用这区区1000元享受着幸福而快乐的生活。

白领突击：

如何省钱？我们要根据自身的条件而定，不要委屈自己，更不要成为一毛不拔的家伙。虽说节约是种美德，省钱是门艺术，可谁要是把它发展到了极致，走到抠门的程度，那可就有些"神憎鬼厌"了。

无节制地花钱是可以满足欲望，但这种幸福很短暂，而省钱则是一种长远的幸福，努力的过程也许困难，但却充满快乐。

买房结婚
两不误

　　段梦，32岁，单身，某销售公司电话营销代表，每月收入7000元左右。男友，冯亮，34岁，某研发中心软件工程师，每月收入13000左右。

　　已过而立之年的段梦是个土生土长的北京人，工作已近4年的时间。段梦很喜欢这份挑战高薪的工作，其薪酬结构为底薪加提成，虽然每月收入不固定，但是基本都能保证在7000元左右。

　　段梦与父母居住在市中心附近一套两居室的房子里，她不需要承担任何生活费用。平时花钱大手大脚的段梦虽然很少向父母要钱救急，但是每月薪水也是花得没有剩余。

　　她所从事的电话营销代表工作每周进行早、午班的轮换，所以休息时间较多。段梦时常约好友逛街，每月在服饰和名牌化妆品上的花销分别为3000元和1000元左右；每月在外就餐、娱乐费用约为2000元；唐小姐现在的工作单位离家较远，正常情况下乘地铁上下班每月需要300余元，偶尔在外就餐或娱乐回家较晚需要打车，每月交通费花销合计在600元左右；另外，每月最少会产生400元的手机通讯费。

　　男友冯亮老家在外地，目前在单位附近租房居住，每月租金为1500元，基本生活费2000元左右，其他花销为1500元，每月有近8000元的结余。

　　双方父母都主张他们尽早结婚，并分别拿出5万元资金作为结婚费用资助。冯亮工作多年，自己有20万元积蓄。段梦和冯亮打算一步到位买一套三居室新房，以每平米1万元、130平米推算需要130万元，首付及装修至少需要50万元。

他们现在手里只有30万元，按冯亮每年节余10万元推算，目前20万元的资金缺口至少还要积攒两年，难道结婚买房非要一步到位，再等上两年的时间？

白领突击：

两人要想结婚买房一步到位，而且不用等上两年，首先，段梦要管住钱包。

从每月消费的资金额度来分析，作为男友的冯亮是个勤俭持家的好模范，其各项消费在合理的范围之内，而段梦身上存在盲目消费的现象。而结婚买房应该由双方共同努力来完成，所以段梦应仔细审视每月开支状况，每次采取购买行动前三思而后行，慢慢改变盲目消费的现状，将开支控制在正常消费金额的范围内。

为避免东西买回家被闲置，段梦每月在服饰和化妆品上的花销可分别控制在1000元和500元以内。建议每月在外就餐、娱乐费用控制在800元以内。每月交通费和手机通讯费可分别控制在500元和200元范围内。

这样，在每个环节上都节约一点，积少成多，到月末就会有4000元左右的结余。

其次，买房要量力而行。段梦和冯亮均已进入了大龄青年的行列，如果单纯为了积累买房款而拖延婚期实在有些顾此失彼。

建议段梦和冯亮根据手里现有的30万元积蓄进行买房规划，尽早结婚，例如拿出25万元进行首付，购买一套价值50万元左右的房子，其余25万元在银行办理按揭贷款，20年，每月还款约2200元左右，比张先生原来自己租房只需多支付700元，30万元中余下的5万元作为装修等费用。

段梦单身时和父母居住在一起，主要花销在服饰等方面，真正像煤气、水、电这些基本的生活开销不多，与冯亮买了房子后，两人一起生活会产生规模效益，有些费用上还会节省很多。

这样，段梦和冯亮的每月结余可积攒下来，重新积累，将来有抚养孩子等其他需要也不会感觉资金紧张。

段梦和冯亮理财前后每月收支状况

理财前	理财后
段梦每月支出：7000元	唐小姐每月支出：4000元
服饰 3000元	服饰 1000元
化妆品 1000元	化妆品 500元
就餐及娱乐 2000元	就餐及娱乐 800元
交通费 600元	交通费 500元
手机通信费 400元	手机通信费 200元
冯亮每月支出：5000元	冯亮每月支出：5700元
租房 1500元	还房贷 2200元
基本生活费 2000元	基本生活费 2000元
其他花销 1500元	其他花销 1500元
以上合计：12000元	以上合计：9700元
每月结余：8000元	每月结余：10300元

如此这般，两人就不必为巨大的房债再等上两年结婚了。

找好自己的
角色定位

投资策略和投资方向，在一个人和一个家庭的投资中至关重要，这是带全局性、方向性的东西，是管总的东西。一个人或一个家庭如果在这个问题上犯错误，则可能一招不慎，满盘皆输。

就拿一位老人来说，假如一位老人他终身积蓄了4万元，倘若他将这4万元通过银行存款、国债、分红型投资性保险产品等避险工具来实现个人资产的保值增值，或许他能够度过一个比较美满的晚年（应排除大额医疗费用支出的情况发生）。倘若他将这4万元全部投入风险投资市场，以期获得高额的投资收益，那么，与高额的投资收益相对应的是可能发生的高风险。如果他在2001年下半年将这4万元全部投资股票，那么，到2003年8月，他持有的股票在正常概率下，已缩水50%以上，即4万元的股票在正常概率下，其市值已经低于2万元。如果他在1997年4月将4万元全部投资了编邮年票，那么，到2003年8月，他持有的邮票在正常概率下，已经缩水70%以上，即以4万元购入的邮票在正常概率下，其市值已经只剩下1万元左右。而对如此惨烈的投资结局，作为一位老年人，他脆弱的心灵能够承受吗？他脆弱的经济持续力能够承受吗？

白领突击：

区别不同的情况，以决定不同的投资策略和投资方向，这是投资获胜的最基本的前提条件。那么，白领一族的投资方向和投资策略的角色定位应如何确定呢？对于这个问题，我们应从两个方面来把握：一方面是，个人和家庭经济生活的内在规律；另一个方面是，个人和家庭经济的背景条件。

在个人和家庭经济生活中，有一个最为基础的层面，这就是维系个人和家庭基本生存条件的物质准备。这个最为基础层面的物质准备，它的主要任务是应对个人和家庭的日常开支，以及近期支出预期和防范家庭一般性、常见性经济风险。它的存在形式为满足上述要求的一定数量的现金和以定活两便存款形式定格的个人和家庭紧急备用金。

作为白领，收入高且较为稳定，收入和正常地支出就像那行走中的公共汽车一样，走了一拨人，又来了一拨人，不到终点站，人流是不会断的。因此，作为白领，只要不失业，那维系个人基本生存条件的物质基础是完全不成问题的。当然，作为白领你还得做些准备，倘若公共汽车到了终点站，你失了业，没有了收入来源，怎么办？这你就得准备至少能够维持你半年生活的基本生活费，并以存款的形式放到银行。如果你有了半年以上的基本物质准备，又拥有尚未落伍的知识准备的话，那么，在半年内要重新择业，你就能做到神不慌，心不跳，精挑细选老板了。

在个人和家庭经济生活中，第二个基础性的层面，就是应对个人和家庭经济生活的中期、远期需求，防范和缓冲不可预计的风险对个人或家庭经济生活的影响，有效地保全家庭资产，构筑起个人和家庭经济生活的防火墙。它的存在形式主要为：为防范和转嫁疾病特别是重大疾病和意外伤害可能造成的个人和家庭巨额经济风险，而购买的医疗健康保险和意外伤害保险、驾驶员第三者责任险；为个人或家庭成员老有所养而投资的养老保险；为子女接受高等教育和投资创业而投资的子女教育备用金保险或子女教育存款；为防范通货膨胀，货币贬值而构筑的黄金与美元风险对冲，以及通过房地产投资保全资产等等。

作为白领，正当年轻，正像那早晨八九点钟的太阳，朝气蓬勃。因此，关于疾病的困扰，还不是一个沉重的话题，还不是当务之急。即使这时想来一个防范于未然，那投资医疗健康保险的费用也低得很，构不成什么经济压力。与此同时，白领们大多未曾婚配，即使走进了婚姻的殿堂，也在搞晚育优育，就是生儿育女了，也是独生子女，双方父母也抢着带，没有什么大的负担。至于子女教育投资，还早着呢！如果想早早地起步，每年支出的费用也只是家庭收入的九牛一毛，少得很。至于养老问题，一有社保，二还年轻，三是现在起步，分年投资，每年的投资额也不大。至于个人资产的保全，那是那些事业特成功，个人资产数额特别大的人的事儿，暂时还无需靠工薪收入生活的白领们来考虑。

作为白领，值得特别关注的应该是，每年花个200、300元，购买一些人身意外伤害保险，以防意外伤害将人搞得半死不活，而缺少救治的物质基础。当然，对于有私人小轿车的白领而言，驾驶员第三者责任保险非买不可，以免驾车撞了他人而惹上那扯也扯不清的麻烦，还是将这些麻烦事交给交通警察和保险公司去打理更为明智一些。

建筑在前两个基础性层面上的第三个层面，就是以追求个人和家庭资产高额收益的风险投资。它的载体表现为股票、证券投资基金、投资连结保险、期权、期货、书画、古玩、邮票、金银纪念币、流通纪念金属币、人民币连体钞、电话纪念卡、彩票等风险投资工具。

作为白领，大都赚钱能力较强，而个人和家庭经济生活中前两个层次的避险需求，一是经济压力不是特别大，开支不是特别多；二是有的需求还不是很紧迫，大可以不着急，慢慢来。而风险投资，一方面对于掌握了投资市场运行规律，且能熟练驾驭各种投资工具的投资者来说，其投资风险是完全能够有效规避的。另一方面，白领们大都年轻，且没有家庭的拖累，投资成功，赚了大钱，高兴快乐；即使投资失败，投入资本缩了水，或一时半会遇到投资市场的调整期，整个市场打不起精神，那也没有什么要紧，大不了跌倒了再爬起来。年轻，健康，有强大的赚钱能力，这就是本钱，这就是投资致胜的根本。

综上所述，白领在个人投资理财领域中的定位应是进攻型投资者。与此相适应，白领投资的主攻方向应确定为风险投资。

在私人资本可以涉足并大有可为的投资领域，其风险投资市场和风险投资工具是丰富多彩的。作为白领投资者，不必也不可能全部涉足其中。在风险投资的实践中，一个人若能谙熟一两个门类，并按这些投资市场的运行规律办事，就已经很了不起了。当然，作为白领投资者究竟把哪一个投资市场，何种投资工具作为自己投资的主打，这就要看投资者本人对何种投资市场和投资工具感兴趣，对何种投资市场和投资工具的认知度高一些。"黄豆子选熟的拣"，做自己喜欢做的事，错不了。

夜归族的
理财经

在我们身边，不知不觉已经普遍存在这样一个群体，他们每周工作5天甚至更多，并且有时连续工作10小时以上，当朝九晚五的人们进入甜蜜梦乡的时候，他们才可能关掉开了一天的电脑，披星戴月地走在回家的路上——夜归族就是用来形容这样的一群人。

有句话说得好：30岁前拿命赚钱，30岁后拿钱赚钱。对于经常疲于加班、空时补睡眠的白领来说，他们更愿意当花钱不用动脑筋的月光族,甚至是透支族。

在杭州一会计师事务所工作的梅子，就是指今朝有酒今朝醉想法的人，在她看来，平时工作太辛苦，根本没时间去研究股票、期货来做投资，有时间也是自己忙里偷闲，不愿再费脑力。

近来一份中国白领加班城市排行榜中，杭州独占鳌头，而上海则排到了第九。对此，梅子丝毫不怀疑。因为她自己在事务所忙碌时，一天要连续工作14个小时，回到家没睡几个小时，又开始第二天的工作了。

对于自己的理财计划，梅子总是显得无可奈何。梅子过去在原公司做会计时，还有时间炒炒股，但自从跳槽到事务所后，根本没那么多精力去打理自己的收入，除了每个月存个定期外，没有其他的理财途径。

白领突击：

事实上，也并非夜归族无暇打理钱财就应该听之任之，相反考虑到自身的特殊性，就应该制定相应的理财计划。就拿梅子来说：年纪较轻（25岁–35岁区间），财务负担已有（梅子已经购买了三居室的商品房一套，月供3000元左右，公积金贷款占50%），身体健康状况均有隐患的可能性，并且没有太多时间去了解理财市场的变化。这时梅子可以制定一套保险+基金投资的理财方案。

保险：方案虽然有基本的社会保障，但她很关注重大疾病保险，她的工作需要大量使用电脑，有统计数字表明，习惯长期用一侧接打手机的人，患脑部肿瘤的几率大大增加。除此以外，养老问题也是她开始需要考虑的问题。为此，专家认为，她要购买的保险计划必须要包括以下的内容：

1.终身29类重大疾病保障10万元（分红型，若被保险人身体健康，红利可作为养老金的补充或者退休后的旅游基金等）。因重大疾病住院每天补300元，每年最高可补180天；180天后，每天补150元。

2.女性特有恶性肿瘤保障20万元。7种女性原位癌保障1万元（在一般重大疾病保险中，原位癌不在保障范围内）。

其次，如果保险计划还能囊括以下保障则更好，诸如因意外伤害住院津贴、各种手术补贴、器官移植保险、一般疾病住院津贴。

此外，专家还提醒，需要关注有无保证续保条款。建议购买短期医疗保险时，尽量购买能保证提供续保的产品。因为保险公司每年有核保权利，即保险公司可能在你最需要保障时，可拒绝你的继续投保，而进入保证续保的保险则没有这种风险。

以某保险公司的产品为例，要达到上述保障效果，梅子只需分20年、每年缴4800元即可。此外，如果今后有经济能力，还可以将大病保额提高到30万元。

基金：虽然目前股市的规范程度以及股市大盘在今年出现了转机，但跟梅子一样没太多时间和精力炒股的夜归族，时下购买基金成为不二选择。

在具体购买时，可以采用定期定额方式，即每隔一段时间，投资固定金额于固定的基金。这种方法的优点在于不必在乎市场价格起伏，当市价上扬时，买到单位数较少；市价下挫时，买到较多的单位数。长期下来，成本及风险自然摊低，需要时再一次性卖出，因此又被称为傻瓜投资术。目前在国内，可以让基金公司同银行约定，到时间自动从购买者账上扣款买入金融产品。对于日夜忙于工作的夜归族来说，是种轻松省力的投资方式。除维持必要的备用金外，建议客户将每月结余通过此种方式间接投入股市，通过复利驴打滚效应，获得长期回报。

由于考虑到梅子每个月有3000元左右的房贷要还（但事实上有单位公积金可以冲抵一部分），再结合其平时消费采用的信用卡方式，因此可以大胆将每个月剩余的2500元抽出1500元，用于买开放式基金。

其实，理财并非需要大量的时间，只要找到适合自己的那种方式，就可轻松理财。

在证券投资市场打拼

炒股票，买基金，投资人寿保险中的投资连结保险，这在中国大陆，可以说是除银行银款、国债投资之外，普及率最高，参与人数最多，传媒聚焦最多的中国国民的另类投资。在大陆白领这支队伍中，涉足其中的投资者，相信也不会少。

在中国，白领一族大多在股份制公司和外资公司工作，对上市公司和上市公司股票的内涵应该是十分明了的，对股份制公司的运行也应该是了然在胸的。这些，都为白领们涉足这一反险投资市场打下了一个好的基础。

在资本市场，白领们究竟采取何种形式涉入这一市场，采用什么样的工具来参与投资，这就是要视自己的具体情况来具体分析，具体对待了。对于既关注投资结果，更注重投资过程，乐于纵观股市变幻，将这种投资作为生活一部分的白领来说，应该直接入市玩股票。对于工作上事儿多，比较忙，没有时间或不愿天天看电视、读报纸、上网络看财经新闻的白领来说，则以投资证券投资基金和购买投资连结保险间妾入市为好。

白领突击：

在资本市场打拼，是一种以资本为依托的智慧较量，元得好，利润多多；玩砸了，则鸡飞蛋打，得不偿失。因此，在这个市场进行打拼的白领投资者，一定要在投资中慎之又慎，三思而后行。具体来讲，在投资中要把握好这样几点：

首先，要把握知情权，利用自身的优势，做好投资对象的甄别工作。投资股票，说到底，我们投资的是某一个或几个上市公司未来的预期盈利能力。这也就是说，我们投资股票，是投资的某一家或几家上市公司现在和未来的利润创造能力或赚钱能力。如果我们投资的这些上市公司现在和将来经济效益好，利润多，可持续健康发展的能力强，那么，我们作为股东，得到的投资收益就高。反过来，如果，我们通过购买股票而投资的上市公司亏损，甚至破产，那么，作为股东，我们就得按所持有公司股票的比例，来分摊这些亏损。这反映到资本市场，就是股票价值降低，股票价格下降。这反映到投资者的投资绩效，就是投入的资本缩水，甚至会血本无归。

在中国，从资本市场的现状来看，上市公司和基金公司可谓鱼目混珠，良莠不齐。其中于投资者而言，最可怕的陷阱是，一些上市公司和基金公司，利用投资者与公司的信息不对称，做假账，发布虚假信息，以在市场兴风作浪，疯狂圈钱。

我们对不少上市公司的经营情况做过一些调查，在调查中，有一个有趣的现象，一些上市公司在证券市场风风光光，经常被股评人士在媒体上圈圈点点，不时还以黑马的姿态在市场上来几个涨停板。但这些股票在当地的投资者中，是很少有人染指的。问及缘由，当地投资者众口一词：这股票臭！想亏本，你就买！

对于白领来说，我们怎样才能规避这种"墙内开花墙外香"的投资风险，不掉入阴谋家们设计的种种陷阱呢？我们认为最基本的一条是，我们不熟悉，不了解，不知情的投资不做。而要做到熟悉、了解、知情，对于白领们来说，这还正是我们的优势所在。

白领们大都科班出身，在读大学，读研究生时，同学肯定不少。并且，在通常情况下，白领的同学又大多是白领，而白领分布在各家上市公司的又不在少数。湖南花古戏中，有一个经典的剧目，叫《打铜锣》。在这个戏中，有两个主角，男的叫蔡九哥，女的叫林四娘，说来他们还是远房亲戚。我们的白领们，如果有林四娘的这种"公关能力"，那么，在全国将近1200家上市公司中，说不定不少公司都有我们的同学、同事、朋友。这就是我们的公共关系资源，这就是我们进行证券方面投资的优势所在。

在优选股票、证券投资基金和投资连结保险时，我们可以先筛选一批年报业绩好、产业发展前景好的股票或业绩一直稳健的基金、投资连结保险作为投资的备选。然后，充分利用自身的公共关系资源，或实地、或利用信息技术手段，找知情人进行调查，在确认公司运行绩效后，再决定是否投资。当然，这件事还可以反过来做，即请在上市公司工作的同学、朋友推荐投资对象。不过，白领们大都生活在大中城市，而这些城市正是上市公司、基金公司和保险公司总部的云集地。这些公司绩效究竟怎么样，总会通过各种渠道由"内部人"传播出来。"纸是包不住火的"。因此，耳闻目睹的实地考察总是比较靠得住的东西。购买自己身边业绩优秀公司的股票、基金和投资连结保险，让人感到安全、放心。这是在诚信机制还尚不健全，资本市场、保险市场信息还不对称的情况下，白领投资者们谨防上当受骗，稳操投资胜券的不得已而为之的办法。

其次，要朝前看，把所投资公司的成长性、发展潜质放在十分重要的位置来考虑。股票、证券投资基金和投资连结保险的投资，不同于将钱存银行，买国债。将钱存银行，买国债，优势是，还本付息，名义收益稳定；不足是，增值性差，收益率低，一不小心，老本都可能被通货膨胀吃掉了。而投资股票、证券投资基金、投资连结保险，优势是，有可能获得高企的投资回报；不足是，伴随这种高回报的，是投资的高额风险，即投入资本大幅缩水的风险。

作为白领投资者，既然我们甘愿冒着投入资本大幅缩水的风险而进入证券市场，那么，我们就应该把投资的眼光放远一点，把投资的起点定高一点，去勇敢地追求投入资本的高产出。

具体来讲，在精选个股时，要选择那些朝阳行业中的上市公司，选择新兴的高新科技产业的上市公司，选择那些在国计民生中具有战略地位，有可能通过政策保护而长期垄断市场的上市公司，选择那些代表技术革命方向、一旦投资成功即可带来高附加值产品的上市公司，选择那些在全球市场具有产业比较优势的上市公司。当然，在这些选择中，有投资失败的可能。但是，这些公司一旦快速成长起来，伴随这些公司快速成长的将是我们投入的资本。

在精选证券投资基金和投资连结保险时，作为白领投资者，要坚持两看：一是要看这些基金公司和保险公司是否诚信，是否对投资人的资本认真负责，是不是一批拿了投资者的钱不当钱玩的不义之徒。这一点十分重要，十分关键，千万不能掉以轻心。从中国资本市场和保险市场的实际运行情况看，这样的公司还真不少。善良的人们啊，你得多长一个心眼！二是要看基金、投资连结保险的投资组合和基金公司、保险公司的资本运作水平。在这里，所谓看基金和投资连结保险的投资组合，主要是要分析和研究基金和投资连结保险的资产配置是否合理，分析和研究基金和投资连结保险选择的个股和基金质量是否优良，是不是在为一些股市垃圾"抬轿子"。所谓看基金公司和保险公司历年来的运行水平，就是看股市全线飘红，股指持续上涨时，基金和投连险是否跑赢了股票指数。而股市全线下挫，股指持续下滑时，基金和投连险的跌幅是否小于股票指数的跌幅。如果基金和投连险，该涨的时候涨不赢股票指数，该跌的时候却比股票指数的跌幅还大，那么，这样的基金公司和保险公司要么是在拿投资人的钱在捣鬼，要么水平实在太臭。当然，这样的公司即使你的钱再多，也千万不要投。如果你的钱实在是多得不得了，不拿出来一点又实在是憋得慌，那么，我们给你一个建议，拿这些钱去资助那些生活在社会底层的弱势群体吧！这样的话，还是一种积德行善。不然，让那些玩钱高手把你的荷包掏空了，他们还可能要送给你一句：蠢得死，那确实！

再次，要选择那些潜质优秀、市盈率低的个股持有。证券市场，是一个周期性的市场。在市场周期性的低迷阶段，一些潜质优秀的股票，往往市场价值也被严重低估。作为投资者，你不妨选择一些潜质优秀、价值严重超跌的股票，分期分批进仓。在投资实践中，这一点往往很难做到。追涨杀跌的从众心理往往主宰着投资者的心灵，往往压抑着市场的张扬性复苏以至繁荣。这种投资的心理状况，通常使众多的投资者在市场利好时获利不大，或无功而返。而在市场风云突变时，损失惨重。通常只有为数不多的投资者，出于对周期性市场规律地把握，以及对市场地洞察、分析、研究，并以勇者的姿态该出手时就出手，从而在投资上成为了真正的大赢家。作为白领投资者，我们应当顺应市场变化的规律，牢牢把握低进高出的市场制控权，从而把自己的投资真正拓展好，把自己投资盈利的空间真正拓展宽。在股票投资中，还有一种情形，即代表着一个市场发展方向的股票上市之初，并不被人们所关注，所重视。当然，这样的股票价值在尚未被市场充分发掘之前，作为白领投资者，你若能抢占先机，那么，等待你的将是丰厚的投资回报。

在动态中
把握收支平衡

平衡个人或家庭的财务收支，这是个人或家庭财务管理的最基础性的东西。然而，这种收支的平衡，不应该是静止的，一成不变的，而应该是发展的，时变势变的。因此，在个人或家庭的财务平衡计划中，应考虑一些变化中的因素。

白领突击：

在个人或家庭的财务收支平衡计划中，作为年轻、知性的白领们，应注意这样一些因素：

第一，职业发展趋势。每个人，尤其是打拼在职场中的白领，职业生涯的走势，总是处于一个动态的过程，总是决定与其相关的种种社会关系。

比如，作为市场营销的白领，当你与一批大客户建立了良好的、稳定的、相互诚信的关系，那么，随着你的客户群对公司销售业绩和利润的影响大小，而决定你在公司的地位及其职业发展走势和赚钱能力。当你拥有的优质客户群体对公司的销售业绩和创利能力影响越大时，公司对你的依赖程度越高。为了实现公司与你个人事业的双赢，公司不得不做出双重妥协：政治上，关爱有加；经济上，提高待遇。以维系公司的稳定健康、高效运行。与此相反，当你缺少稳定的、优质的客户资源时，公司对你无任何依赖可言，这时，你将面临的是严格的工作考核和制度约束。并且，在通常情况下，这种考核和制度约束，将使你的职位受到严重挑战，将使你的赚钱能力步步降低。

因此，作为白领，在个人财务收支平衡计划拟定前，应首先对自己的职业发展走势作出评估，并在财务收支平衡计划中留有余地。

第二，所在企业发展走势。一个企业，相对于效力于这个企业的员工来说，是一个大的生存环境。纵观人类的生存活动。人对环境的改造总是微弱的；而环境对人的影响则是深刻的、巨大的。其实，一个企业与效力于这个企业员工的关系，就是皮与毛的关系。中国有句老话，叫着"皮之不存，毛将附焉？"倘若一个企业在竞争中被淘汰出局了，那么，曾经效力于这个企业的人们，也只能是"树倒猢狲散"，各奔前程了。

一般情况下，当一个企业属于新兴产业、朝阳产业，且技术、管理、市场营销和经营理念在本行业中处于领先或相对领先的状态时，在这个企业工作的人们，从整体上说，他们的工薪福利待遇将随着企业的发展而提高。

但是，当一个企业归属的产业将整体衰退，或技术滞后，或管理混乱，或市场拓展严重受阻，或经营理念发生明显偏差而得不到有效及时纠正时，那么，效力于这个企业的人们，将随着企业效益的不断下滑以至亏损，赚钱的能力将不得不步步下降。

因此，作为白领，在个人财务收支平衡计划拟定前，亦应对自己效力企业的发展前景作出评估。

第三，自身的能力。在市场经济条件下，市场对人力资源的配置，其作用越来越大。在这种企业与劳动者的双向自主选择中，其平衡点是，企业和劳动者共同创造财富的分配，应在名义上与同行业同职位趋同。当然，还应加上和谐、温馨的企业文化氛围创造。

举例来说，一个软件工程师在甲公司工作，他在价值是年薪30万元，而若到其他同类公司从事同类职位工作，其年薪也在30万左右，若他感觉所在公司老板对他不薄，还蛮看重他，那么，即使老板利用他的工作成果赚再多的钱，他也会认同这种分配的合理性，以致长期合作下去。然而，在企业与员工的相互关系中，既存在着相对平衡的一面，也存在着失衡的情况。而失衡的最终结果，在人力资源配置市场化的情况下，则是员工被老板炒鱿鱼，或老板被员工炒鱿鱼。双向选择，公平合理！

在"从一而终"、"一锤定终身"的择业方式已经"寿终正寝"的今天，一个人的生存和发展价值，并不完全决定于他对一个企业或这个企业老板的忠诚，决定他生存和发展价值的是，他的综合素质，他所拥有的技术资源、客户资源、公共关系资源、团队资源，以及开创性的经营理念和企业管理经验。在这些方面，一个人所拥有的筹码越厚重，那么，他的生存和发展能力就越强，应对各种复杂局面的应变能力就越强，"人往高处走"的"跳槽能力"就越强。当然，他的赚钱能力也越强。反之，他的生存和发展能力就弱，应对各种复杂局面的应变能力就弱，"跳槽能力"就弱，即使"跳槽"，那也只能"水往低处流"。与此相适应，他的赚钱能力也就弱。

因此，作为白领，在个人财务收支平衡计划拟定前，应对自己"跳槽"的能力进行评估。基本弄清楚自己是只"绩优股"，还是只"成长股"，抑或是"垃圾股"。

[懒人
巧理财]

　　白领阶层每个月收入丰厚，但由于整天职场拼杀已经筋疲力尽了，所以"懒"得想该如何理财，也忽略了因理财而带来的增值。白领收入主要依赖自己的事业发展，所以，在理财中要把握简单、力所能及的原则，不宜浪费过多的精力、承担过大的风险。

白领突击：

　　刚性支出排除法，是一种适宜于小型企业的懒人理财法，如果延伸到个人或家庭理财领域，则妙处无穷。一方面，它规避了个人或家庭财务管理中记流水账的琐碎和麻烦；另一方面，他又摆脱了个人或家庭财务计划的"冷色调"，使个人或家庭财务在保持相对平衡的前提下，显现出鲜活的色彩。

　　刚性支出排除法，在个人或家庭财务管理的操作上，十分简单和便利。当然，在起始阶段，它要稍微麻烦一点，对刚性支出的项目要考虑周全一点，但几个月坚持下来，不断做一些完善和调整补充，接下来的岁月，它就简单得再也不能简单了。具体的操作方法是：

　　A、对全年包括工资、奖金、福利、津补贴等在内的以现金方式可能获得的全部税后收入，按90%作大个人收入基数，进行财务计划安排。

如果月与月之间收入很不均衡的，应分月对收入进行估算。至于收入打九折后进行财务收支安排，是为最终实现财务上的收支平衡，而留有必要的余地，以规避收入部分减少而导致个人或家庭收支失衡。非现金形式派发的实物和不能变现的有价证券，通常不一定实用，往往只能作为礼品转赠，或目的性不很明确的附加消费。因此，不应计入收入部分。

B、根据个人或家庭的收入状况，排列维持个人或家庭基本生活水准刚性支出清单。

应该指出的是，你若按这个清单去生活，去消费，应该是坦然的、舒适的，是与你的身份、地位、职业、生活环境及其收入状况相匹配的。这其中既没有高消费、超前消费、负债消费，也无需勒紧裤带主动"减肥"。在刚性支出中，应考虑这样一些支出：

①日常生活费用支出。包括吃饭、日常生活用品购置等支出。

②健身健美支出。女同胞至少要保证每周1次的肌肤护理。当然，还要定期参加一些健身健美活动。

③交通费用支出。已按揭购车的，要按月付款，要支付汽车使用费用。暂没购车的，也得常常打的，常常坐地铁、公交车等，这都是要付钱的。

④住房消费支出。租房要付月租。已经按揭购房的，要按月支付贷款；还要支付物业管理费用。

⑤赡养父母费用支出。若父母下岗失业，衣食无着；或健康状况不好，疾病缠身，做儿女的总不能视而不见吧！总要尽一些义务吧！

⑥社保费用支出。养老金、医疗金、住房公积金等基本的社会保障费用支出。

在每个人的生活中，刚性支出的项目既有统一的部分，又有不统一的部分。这决定于每个人的不同收入水平和生活习惯。因此，不同的人，应根据自己的不同情况，尽量详尽地列出与自己收入水平和生活习惯相匹配的消费清单。

C、到同一银行的储蓄网点办理两个存折，一个是专门用于刚性支出的存折。一个是在刚性支出安排以后，尚可使用的分资金的存折。

在这里，必须注意三点：一是刚性支出存折上的存款必须严格按支出项目和支出计划执行。若开支出超时，其超出部分，应在机动使用存折上支取，以防范刚性支出账户失控，进而导致个人或家庭经济生活的失衡。二是使用存折。这样做，一方面，可以免去记帐的辛劳，在一年中或一个月中，自己还有多少余钱可以支配，怎么支配，看一看"机动账"户存折上的余额，就一目了然了，另一方面，存折一般没有借款功能，想透支得忍住，想负债消费一回，银行懒得搭理你。当然，你若对信用卡情有独钟，那么，你在刚性支出计划中，加列一项：紧急备用金，并将这紧急备用金打入信用卡账户里就行了。三是根据自己的消费水平和消费习惯，将现金控制在一定的额度里，太少，容易发生尴尬的事儿；太多，既不安全，又影响了资金的收益。但是，必须切记的是，不要透支。

D、根据机动账户上存款余额的多少，来调剂生活，来提高生活的品味和质量。

机动账户上存款余额多时，不妨过过疯狂购物的瘾儿；不妨满世界看风光；不妨到高档娱乐场所云享受享受；不妨邀几个亲朋好友泡泡吧，唱唱歌，跳跳舞，蹦蹦迪，喝喝茶。有条件享受，就享受享受；有条件消费，就轻松消费。

然而，当机动账户上余钱剩下不多时，你可就要换一种"淑女的活法"

了。在家演艺演艺烹饪艺术，到大自然中去做做户外运动，待在家里听听音乐，看看书，看看电视，和家人们聊聊天。其实，这也是其乐无穷的。

如此，白领一族有车有房将不会是梦。

爱"拼"
才会赢

在被"闪客""博客""播客""视客"等一系列"客"们缭乱了双眼之后，"拼客"横空出世。这拼客又是什么，估计让很多人费解。

"拼客"指的是几个人甚至成百上千人集中在一起共同完成一件事或活动，AA制消费，目的是分摊成本、共享优惠、享受快乐并可以从中交友。

这些年，许多人拼着合租一套房解决住宿，到拼餐、拼车、拼游、拼购、拼卡、拼宠物、拼学、拼友、拼职，等等，"拼客"成了年轻人字典里的常用词。"拼客"们将求实惠、求方便、求节俭的精神发挥得淋漓尽致。

[拼房]

拼房，也就是合租，已经流行几年了。征寻"合租人"的帖子在很多与租房有关的网站上都有出现。合租节约了开支，但也会有一些麻烦，比如合租人的个性是否投缘，生活习惯是否相近，陌生人合租的信任度等等。所以，"拼房"不可能太火，大多数人还是选择与熟悉的人合租。至于网上频频出现的征异性合租人，则更充满了作秀和暧昧的色彩。

［拼卡］

美容卡、健身卡、理发卡……凡此种种，都可以"拼"的。一张卡太贵，两三个人"拼卡"，省了钱，还可以轮流使用。

艾朵，26岁，服装设计师。前段时间在单位附近的健身俱乐部办了张健身卡，由于新鲜坚持了一周，后来由于工作紧张不能持之以恒了。朋友就给她出了个主意，让她到网上发个帖子，看有没有人愿意与自己共用。没想到回帖的人还真多，最后艾朵与一个离健身俱乐部比较近的女孩子达成协议，两人轮流使用，当然她要给艾朵一半的费用。有时候她们也会一起去健身，还多了个伙伴。俱乐部里拼卡的人不止她们一对，因为几乎很少人真的能天天健身，找个人，你一、三、五，她二、四、六，就可以解决问题了。据说还有"拼"健身教练的，真是不一而足。现在她俩又一起办了张美容卡，拼卡的感觉还真不错。

［拼车］

公交太慢、买车太贵、打的有时打不到，这样的难题困扰着许多都市白领，"拼车"，省钱又省力。最初的"拼车"往往以公司同事、小区邻居为主要核心圈，但是随着一些"拼车"电子公告版的诞生，如今的白领"拼车"有了与陌生人同行的新选择，使"拼"的范围更大，"拼"的方式更自由。拼车主要有三种形式，第一，私家车带人，商量好上车点就可以，一般搭乘的车费也比较低，车主不过要求分摊一点油费而已。第二种是包月的出租车带人，这种方式发车时间比较稳定，车费协商平摊。比较麻烦的是第三种，出租大拼车，每个人不同路段上车，根据路程算费用，时间也比较难控制。"拼车"在上海尤为流行，但在石家庄还停留在最初阶段。

[拼班]

学英语，上那些所谓英语学校，人太多，效果差。如果一对一，价钱又有些吃不消，所以可以选择自由"拼班"。三四个人凑在一起上课，本来200元一次，现在4个人每人付60元，学生便宜了，老师也多赚一点，是很受欢迎的办法。

白领突击：

"拼客"这个名词的普及虽说是因都市网站的风靡而风靡，但事实上很多人都在自觉或不经意间实践着。因为做个拼客实在好处多多。这种同城、同阶层的自由互助行为让人愉悦，也展示着一种聪明又节约的生活理念。你可以因拼饭而品尝到高于饭费几倍的美味，你也可以因拼房节省将近50%的租金。除此之外，可以认识更多的朋友，资源共享，便利生活，其中许多细节只有参与者才能领略。

所以说，"拼"不仅是一种时尚的表达方式，也透露着一个人的生活态度：不拒绝做精打细算的时尚者。从现在开始做个拼客吧，只有爱"拼"才会赢。

第五章

合理安排，
让单调的生活
变得丰富充实

有道是：不懂得休息的人就不懂得工作。上班一族要合理安排日常生活，只有懂得如何支配的时间，把握生活的节奏，才能享受生活的乐趣，感受生活的精彩。

做一个
"白领小业主"

泡吧、聊天、逛街、看电视……许多职场白领已经无法满足这种朝九晚五、千篇一律的模式化生活了，他们渴望改变，渴望被认同、被接受。于是，在工作之余，开个精致温馨的特色小店，做一个很自我的"白领小业主"成了时下许多职场白领眼里最时尚的事。

上班时，他们也许和你是同事，一样的努力工作，一样的受到领导的赞许，和大家都相处融洽；下班后，他们却摇身一变，成了"老板"。他们私下拥有自己的另一片小天地，为自己打工，与自己的员工共谋发展。这种白领小业主的双重身份受到了许多人的青睐。热衷"兼职"店主的职场白领大多都有一份收入不错的工作，他们希望通过投资小店来告别那种一成不变的生活模式。

通常热心当店主的白领有三类人：第一类是艺术修养比较高，注重生活情趣，开店可以满足自己的喜好，还可以平衡心情；第二类人是善于求新的一类，他们认为多点经验不是坏事，以后如果想转行相对来说会容易些；第三类人是工作压力大，但拥有一定资金，有经济能力开自己的小店，他们的目的是想缓解工作压力，宣泄情绪。而郑媛就是这三种白领中热衷于做"小业主"的其中一位。

郑媛在一家外企从事服装设计工作，她的思维很活跃，而且是个很有想法的女孩子。她总有着很新鲜很时尚的话题与你分享，和她在一起，你总觉得比她慢半拍，但慢慢地，你又会发现，你比其他的人又快了半拍。

她酷爱服装行业，对服装也有自己的独特见解，总想拥有一间属于自己的小店。不久前，她就利用业余时间开了一间名为"桃花岛"的服装店。

小店非常富有个性。郑媛说："要有一个属于自己的小店并不是一件容易的事，因为这个小店包含了从选址、设计、装修、进货到摆货都要融入自己的创意，自己的思想，这样的，才叫自己的店。小店的从无到有，每一步都是自己真真切切走过来的，就像自己的孩子一样，怎么看怎么顺眼，满心眼的欢喜。"

开业头一天，当摆放完小店里的最后一件衣服后，郑媛站在小店10米开外处，抱着手，静静地看着小店，这一看竟忘了时间，整整看了半小时。

第一天开业的场面让郑媛记忆犹新，小工在店里卖衣服，她只能在店外"站岗"，因为店里都挤得站不下人了。然而真正令郑媛高兴的并不是第一天就有1200多元的营业额，而是自己哈韩、哈日酷酷的风格得到了那么多人认可。"世界上最幸福的事就是能做自己喜欢做的事"在郑媛看来，每卖走一样衣服，自己就像找到了一个知音。因为顾客和自己的风格品位是一样的。

白领突击：

职场白领利用业余时间开个店，除了给自己增加一份额外的收入外，还能使自己枯燥乏味的生活多些色彩和生气。而在一个真正的白领小业主眼里，开店是开店，赚钱是赚钱，最重要的是可以做自己喜欢的事！

白领小业主与传统的上班族不一样，为事业而爱上上班或者为了薪水而被动地工作。工作对于她们来说，只是生活的一小部分，她们不会为了能否升职或加薪而斤斤计较忧心忡忡。同时她们和专门经商的店主也不同，虽然，盈利是她们的动力和追求，但乐趣和兴趣却是她们最先考虑的。

在白领小业主眼里，真正的幸福，也许并不在于拥有多少曾经辉煌的业绩和丰厚的财物，而是能根据自己的喜好选择自己的人生旅途，选择自己想要的生活，做自己喜欢做的事！

给生活
加点料

职场的白领们每天都过着朝九晚五的日子，时间久了，人就变了。没有了初入职场的单纯，也没有了刚入职场时的激情，职场生活变得单调乏味，这时就需要你找到生活的调味料，以增加生活的情趣，比如说，摆地摊。

一般来说，摆摊卖货和白领人士是不太搭边儿的两个词，甚至很多人费尽心力挤进白领的队伍，就是为了远离做小商贩的艰辛。可现在，很多城市的一些白领却偏偏在业余时间摆起了地摊，快快乐乐地体验"练摊儿"生活。

外企职员小倩今年6月开始和两名同事在香坊区大学城一带练摊儿卖鞋。小倩说，她们3个人在公司附近合租了一套房，最初就是觉得下了班之后时间很多，摆个地摊，既充实了业余时间又能赚点外快。几个月过去了，在攒下一笔不小的财富的同时，原本羞涩内向的莎莎，性格变得活泼开朗起来，言语间也多了几分犀利与机智，连公司里的同事也说她越来越可爱了。

家住南岗区的张先生有一份收入稳定的白领工作，但业余时间却在道里区的一个夜市摆摊卖电子产品。张先生说，毕业这么久，一直难以忘记大学毕业时摆地摊甩卖书籍用品的那段时光。你可以大声吆喝、讨价还价，将自己当年精心挑选的物件兜售出去，一群素不相识的人也可以在买卖中迅速认识，这种单纯的人际关系，让人乐在其中。

另一位白领张红摆地摊则是为了在梦想与现实之间妥协。张红从小就梦想做一个设计师，长大后却阴差阳错地从事了财务工作。工作和爱好都不想放弃，怎么办？张红就利用业余时间设计制作了一些饰品、徽章和笔记本，晚上摆摊儿销售。徐女士笑着说，其实那些产品的售价最多刚刚抵上成本，可看到自己的作品有人喜欢，那绝对不是金钱能买来的快乐。

白领突击：

朝九晚五的白领们，个个外表光鲜，可是每天却如同流水线上的工序一般依靠惯性重复单调地生活，时间久了，难免会让人觉得压抑，有种未老先衰的恐慌。所以才会有越来越多的白领人士一到晚上便脱掉西装，换上宽松舒服的休闲衣，找个热闹的地方摆个小摊，跟身边的小贩们聊聊天，跟买东西的人来一番"智力较量"，体验一回别样的财富人生。

周末郊游
消除压力

　　不管你喜不喜欢，很多人叫你"白领"。你有很强的成功欲，常在办公室里加班到深夜；回家之后，你拿起电话习惯性地先拨"9"；你每天睡眠不足6小时，从不去参加同学聚会；没有了朋友的E-mail地址，你不知道该怎样联系他们；你甚至还忘记了大学时代你最喜欢听的电台节目的名字。你把所有的精力都投入到工作中。然而，你渐渐地发现，工作非但没有大的进展，反而你的身体开始出现各种不适，你开始失眠，记忆力衰退，情绪也发生明显变化，你变得忧虑、心悸、多疑，焦躁，时常莫名其妙地对人发脾气，无法控制的怒火让你不相信这是你自己；你开始孤僻，与家人沟通越来越少，变得不愿意与人打交道。

　　然而，造成这一切后果的原因也许只有一个，那就是来自办公室的压力。

　　毕业于重点医科大学的利利，是北京一家医药公司的销售员。今年3月，利利被提拔为区域销售经理，负责管理一个十多人的销售团队。利利是一个责任心特别强的人，她觉得公司给了她信任，她就要出色地承担起这份责任。利利因此也对下属要求特别高。

　　公司每个月都要进行业绩考核，利利绝对不允许自己团队的业绩比别的团队差。每当利利看到自己的下属对工作不负责或不能按时完成任务时，利利就特别生气，常常无法控制地对他们发脾气。为了完成销售业绩，她在公司常常加班加点，不能很好地照顾两岁多的儿子，让她觉得越来越不能很好地兼顾工作和家庭。公司又要不断地要求是升销售业绩，让利利实在有点吃不消，工作的激情也随着慢慢降温，并且感到工作越来越乏味。

利利和手下的女孩子们年龄差不多，但她却觉得似乎和她们隔了一代人，她们之间的玩笑利利绞尽脑汁也想不出来。和她们在一起时，即使是下班后，利利也在谈工作。其实并不是利利不想开玩笑、谈论生活，而是让她觉得话到嘴边只说两句自己就不知道说什么了。她觉得自己对工作、生活的现状没有办法改变。体贴的老公提出每周末全家郊游，放松心情，她认为这是一个不错的提议，于是决定推掉一切工作，因为她需要一个机会颠覆自己。

为此，利利还特地翻出大学时代的运动服和背包，她要像以前一样享受阳光和青草。

白领突击：

都市生活五光十色，充满挑战，但是却容易让人精神困顿，甚至精疲力竭，那么，合理的放松就变得不可或缺了。每到周末，生活在繁忙都市中的人们都要学会让自己放松下来，利用两天的休息时间，享受一些如日常生活不同的节奏，热爱运动的人到郊外远足、爬山或者骑行；充满生活情趣的人则乐于到山野和乡村享受特色美食，甚至体验一番乡村生活的劳作乐趣……

其实，无论怎样的放松方法，只要能起到应有的作用，真正是你的乐趣所在，同时也能给你带来身心的放松，增加生活的情趣，就是值得推崇的。

培养有趣味的爱好

　　白领连续一周紧张工作、学习，周末娱乐半天，是种积极地休息，是建立有规律生活节奏不可少的一项内容，这对消除疲劳，特别是对事业心强，工作节奏快的白领来说，就显得格外重要。能利用双休日，学会强迫自己放下手中工作，偕家人、同事或者朋友尽情地娱乐半天，享受一下原本属于自己的娱乐时光，使身心得以调整，是建立有规律生活节奏，劳逸适度，消除疲劳，延年益寿的一项重要措施。

　　白领是脑力劳动者，如若能培养自己的一项业余爱好，诸如琴棋书画、唱歌跳舞、旅游垂钓等等，就能乐以忘忧，陶冶情操，丰富生活，有利于建立有规律的生活节奏，做到劳逸适度。

　　文娱活动能愉悦精神，运动肢体关节，还能锻炼大脑细胞，使人摆脱烦恼，增加知识，提高文化艺术素质，陶冶高尚的情操。就拿书画来讲，自古有"书画人长寿"之说。书画不仅使人长寿，而且创造力至老不衰。练字习画，或坐或站立或屈或伸，不仅指、腕、肘、肩随之运动，腰腿及全身各部也在运动，这好比在练静功，又练动功，静中有动，动中有静；畅人脑怀。临摹名家字画，更有无穷的乐趣，感受到文雅艺术的无穷魅力，就能唤起无限生活情趣，其乐融融，妙不可言。

白领突击：

其实，人活着并不仅仅只是追求物质。就算你享尽天下美食，你也只有一个胃；就算你有广厦千万间，你也只能睡一张床。为什么不让自己的精神更富足一些呢？有点有趣味的爱好，会让你有不一样的人生。

但有许多白领会因为没有时间而将自己的爱好扼杀，做金融工作的张文感慨道："我曾经有很多爱好，比如绘画、跳舞、滑冰……但现在爱好已经成了奢侈。除了工作外，其他的爱好犹如前尘旧梦一样留在了记忆里。"没有时间成了白领拥有爱好的最大障碍。"当把打瞌睡和看报纸的时间都挪到了地铁里时，我还能有什么爱好？"很多白领感叹道。

但也不少白领认为"这样的解释只不过是一种托辞罢了"。银行职员张某认为，"时间犹如海绵里的水，只要你挤总是有的。现在的白领也并不是忙到连歇息的时间都没有的，关键是没有规划好时间，也没有安排好有趣味的生活。我以前每天晚上要么出去玩要么上网，总是弄到很晚才睡觉，早上睡到几乎迟到才起床，每天都觉得很疲惫空虚。现在我晚上看看书、练练琴，早上起来跑跑步、游游泳，精神状态和身体都比以前好了很多，而且很奇怪，觉得心态平和了很多。一个人的爱好直接关系到他的素养和生活状态。爱好并不意味着奢侈，奢侈也并不能带来真正的精神享受。"

为什么要让自己活得太累呢？我们要有选择地生活，培养自己有趣味的爱好。让爱好陪伴自己，每天也只有在这个时候你才能完全不受任何人的干扰，也只有沉浸在这样有深厚韵味的爱好中，才能获得身心愉悦的感受。

在游戏中享受
大自然的真实

《野战排》《兄弟连》等好莱坞战争片唤起了很多人的英雄主义梦想：穿梭在枪林弹雨中，与身边的兄弟共同作战，拿下一个又一个的山头，攻占一座又一座城市，最后带着肩膀的弹痕回到家乡，一边经营父亲留下的庄园一边回忆着英雄的年代，悠闲自得。在和平的年代，这些只能用影像的形式来展现，对于那些怀有将军梦想的人来说太过遗憾，还好有野战游戏，可以稍稍弥补这一缺憾。

苏新是某IT企业的员工，主要的工作是IT产品研发，工作节奏紧张、压力大、休息时间短。用他的话说就是："干我们这一行的每隔两三年就更新换代一茬，这两三年的时间在公司不搞出点名堂来很快就被新人挤掉了。"因为工作的关系，苏新不得不牺牲很多个人爱好，比如CS网络游戏。

在大学的时候，CS游戏是苏新最钟爱的网络游戏，用废寝忘食来形容一点都不过分，他个人的最高纪录是凭借矿泉水和方便面在网吧一直鏖战了两天两夜。网络游戏只是一个虚拟的平台，野战游戏进入苏新的视野之后，让他真正体会到了实战游戏的乐趣。

苏新说："在游戏中穿上迷彩野战服、带上草绿色钢盔、手中握着逼真的仿真步枪、腰间挎着沉甸甸的子弹，这身装束足以让一个战争迷神魂颠倒，激动上好一阵子，那种荷枪实弹的感觉是坐在电脑前、手握鼠标、指按键盘所无法体会的。"

那么，究竟什么是野战游戏呢？野战游戏其实是一种模仿军队作战的游戏，参加者都穿上各款军服，手持仿真玩具枪，配备各种野战装备，穿梭在丛林之中，展现各种队形阵势，个人技巧，回到战火纷飞的年代，全部投入扮演一个士兵或将领的角色。

据了解，国内玩野战游戏的人分为个人和团体两种。个人以年轻人居多、都市白领居多、男性居多，游戏极强的冒险性和刺激性非常适合这样的人群；团体玩野战游戏的一般是由公司组织员工进行野外拓展训练时安排的项目，游戏是培养团队合作、增进同事情感、激发员工潜能、发挥领导才能的有效方式，同时还能够增强企业的凝聚力、战斗力。

野战游戏场通常设在能够直接接触大自然的野外，不管是丛林战还是阵地战，摸爬滚打中必须要与大地、树木、花草亲密接触，这样的形式在城市中是无法想象的。

苏新说："如果是在市区内的公园里圈一块地方玩野战游戏就没意思了，低下头还蛮像回事的，可是一抬头就看见对面的楼房，一下子就没感觉了。野战游戏一定要把这个'野'字体现出来，要在郊外玩才有效果，才能算是户外运动。"

"像所有的户外运动一样，野战游戏看着简单，想玩好也没那么容易呢？先不说别的，光是10多斤重的装备就够受的，带着这些装备上蹿下跳、翻爬滚卧，折腾上一个多小时，浑身是汗，对体力的消耗非常大。当时还不感觉怎么样，第二天连爬楼梯都抬不起腿，这样的锻炼对于坐惯办公室的人来说强度还是很高的。"苏新感概地说。

对野战游戏兴致非常高的苏新，每逢周末都会到市区周边的野战基地走上一遭。苏新介绍，野战游戏有很多种形式，其中丛林战是最过瘾的，与战友和敌人同时"空降"到一片茂密的丛林中，当你身处丛林中时已失去方向，四下里都是脚步声和被踩断的枯枝发出的声音，一时间杀机四起，紧张得连大气都不敢出，耳边最清晰的就是自己的心跳声，精神高度紧张，随时准备向任何方向的敌人开火。

白领突击：

白领工作节奏紧张、压力大、休息时间短，虽身处五彩缤纷的大自然中，却无法真正享受大自然的美妙。而野战游戏正好给了白领这样一个机会。

野战游戏虽是一种精神高度紧张也非常耗费精力的游戏，但正是这种紧张往往能够缓解白领在日常工作中所带来的另一种紧张状态，运动之后，人就完全处于一种放松的状态了。只有得到充分的放松，才能以一种更充沛的精力投入到明天的工作中去。

泡温泉，让你拥有健康美丽的肌肤

近几年来，泡温泉不只是为了解压放松，更是成为一种流行时尚的美容方法。

不少温泉打出"美肤"牌子，泡了能够美白润肤。也有女性喜欢一边泡温泉，一边保养，希望达到更好的美容护肤效果。

一方面，泡温泉可以促进血液循环，护肤保养效果更佳。

泡温泉之所以有美肤效果，一方面是泡温泉泡得身体热乎乎时，皮肤的血液循环变顺畅，能获得较多养分，而且显得红润，另一方面，弱酸性泉，碳酸泉能软化皮肤角质，让肌肤滑嫩。所以，一边泡温泉，一边敷上保湿面膜，趁高温皮毛细孔张开及新陈代谢变快时，更容易吸收面膜里的保养成分。

再者，温泉里所含的各种矿物质、微量元素，研究发现有对抗自由基、镇静皮肤发炎等效果，因此欧美日等国家很早就开始研究这些成分和人体健康的关系，协助缓解疾病及美容养颜。

但泡温泉切忌温度过高，因为过高的温度容易让皮肤失水变干。

不过，温泉池的高温对皮肤也是一大考验，会导致皮肤大量失水变干，或因温泉的泉质不适合个人肤质，出现皮肤敏感甚至受伤。

尤其在冬天，从干冷的户外进到湿热的温泉池里，泡完之后，又从湿热回到干冷的环境，一冷一热、一干一湿的变化，可能让皮肤一时出现不适应的情况，而原本皮肤就偏干或敏感的人，更容易引发干燥、发痒、脱皮，甚至红疹等问题。

再者，长时间泡在高温的温泉里，身体周边的血管扩张，皮肤毛孔及汗管打开，会让身体大量流失水分，加上热水还会破坏防止皮肤水分散失的皮脂膜，因此干燥情况更明显。

由于国内有些地方的温泉场所没有详细列出当地温泉的温度、酸碱值及泉质分析等信息，而有些地方的温泉属于强酸，不小心可能泡出"温泉皮肤病"，因为皮肤遭强酸伤害，会红肿疼痛，发炎溃疡。

白领突击：

泡温泉，要想避免美肤不成反受伤的意外发生，享受温泉之前，最好先了解泉质，一般来说中性或弱酸的温泉泡了一般不会出问题。所以，只要泡对方法，并搭配适当保养，想要泡出一身健康水嫩的美人肌又有什么难处？

1. 先了解泡汤地方的泉质，选择标示比较清楚（至少有温度、酸碱值）的温泉业者，比较有保障。若没有标示，建议先询问服务人员，温泉如果太酸或太碱，可加些自来水稀释。

2. 为了自己和他人的卫生，入温泉池之前先简单清洁身体，但不需要卖力搓洗，以免过度去掉了皮肤的角质层。

3. 温泉水温不宜过高，超过摄氏45度的最好别尝试，选择40度以下较恰当。

4. 泡温泉的频率不宜过高，如天天泡或是一天泡好几回，时间也不宜太长，以1小时内为宜，每15分钟起来休息一下。而老人的皮脂分泌少，偏干性肤质的人皮肤比较敏感，整体泡温泉的时间都要更短，大约20至30分钟就好。

5. 泡温泉时别忘了喝水，可准备瓶装水在一旁，随时补充水分。

6、泡完后，从温泉池起来，最好还是用清水再冲洗一次，尤其是泡刺激性比较大的硫矿泉、酸碱值pH值3以下的的酸性泉。如果要用沐浴产品，宜选中性或弱酸性及不含皂等较温和的清洁剂，以免洗净力太强，再一次刺激皮肤。

7. 冲洗之后，稍微拭干水分，脸及身体尽快擦上保湿乳液，而干性皮肤的人适合擦油脂成分比较高的乳霜，尤其手肘、膝盖及没有皮脂腺分泌油脂的手掌、脚掌很容易粗糙干裂，特别要加强保湿。

8. 脚趾间、脚底要仔细擦干，让足部保持干爽，再穿上鞋袜，以免潮湿滋生霉菌。

9. 最后别忘了为嘴唇涂上护唇膏，且避免用舌头去舔舐嘴唇，以免嘴唇更干燥不舒服。

台球：最优雅的绅士运动

　　考究的白衬衣、精致的蝴蝶结，优雅地出杆、准确地击球……台球运动在大家心目中就是一种"绅士运动"。无论是大学生、上班的白领还是商人都很热衷于此活动，在安静且颇具绅士味的氛围中，这种球与球之间的撞击动作自有一番乐趣。

　　台球，在厦门尤得人们深爱。厦门台球发展前景好。厦门是国内美式台球人口最为密集的城市。尽管城市小，但台球馆多，全市约有30多家台球馆，有600多张台球桌，其中百分之八十是美式台球。与国内其他地方比，厦门不仅器材更新快，而且打球整体水平高。除了在设备上有好的基础，厦门人也很热衷于此项运动，据球元素的店员介绍："每个周末人都爆满，尤其是今年大年初一到初五这几天更是人满为患，员工都没得休息，更谈不上回家过年了。"而作为台球其中一种的斯诺克更是深受厦门人喜欢。

　　台球，作为一种健身运动，效果也不错。比起在机械器具上的大幅度运动，台球显得温柔许多，它不需要你和对方产生身体对抗，但又要不断挑战自我，这正是它魅力所在，其健身的效果也不比其他运动来得差：首先，练就正确的姿势就需要长时间的努力。和足球、篮球、网球等运动相比，台球带给你的不仅仅是身体局部的运动和锻炼，而是全身的协调能力。每击打一个球，玩家的眼睛、颈椎和肩部都需要与上肢、腰部以及下肢良好地协调与配合。如果经常参与这项运动，不但能提高眼力，还能改善自身的协调性和对身体各关节的控制能力。

白领突击：

有人说，台球代表的是一种理性智慧，男人在认真瞄准的时候，散发出的是一种强大的威力，而女人在凝神思考的那一刻，焕发出来的理性光彩，这恐怕连男性都要自愧不如，尤其是打球的标准姿势不仅让女性的曲线看上去挺直优雅，一举一动都给人以美的享受，还能对她们的腰部、臀部以及手臂形成锻炼，让这三部分更趋完美。这种迷人的风度不是作秀，而是一种与运动理念相契合的精神。据行家介绍，台球的胜负在于心态及对于整个局面的连续的思考、布局和预判能力。假如说一定的体力保证是前提的话，那么打好台球的决定条件是要有通盘的思考能力。

高尔夫，
绿色健身的革命

作为一种时尚或某种身份的隐约暗示，高尔夫球已逐渐渗透到都市生活之中，并令不少人向往。如今随着"高尔夫"日渐平民化，逐渐成为白领流行的休闲运动。

喜欢高尔夫运动的人，都是看重开阔和独特的球场，风景宜人中，即使只是在练习场也会有不错的心情收获。毕竟赏心悦目的视野带给人们的刺激会使大脑皮层发生微妙的变化，抑制抑郁元素的产生，减缓人们情绪上的压力。于是一些白领阶层，空闲时间约朋友打打高球聊聊生意，升级成一种城市人嗜好。而这种"贵族运动"随着各方条件的成熟也开始慢慢过渡为一种近乎大众的运动。于是，高尔夫除去运动本身，在被赋予"休闲"二字后，又引申为大众的绿色健身革命。

打高尔夫不仅可以锻炼身体的协调性、柔韧度等，还可以提高心肺功能。瑞典的一项研究表明，走路打完18洞，等同于最激烈的有氧运动40%~70%的强度，也相当于45分钟的健身训练；心脏病专家帕兰克(Edward A. Palank)研究发现，走路打球能够有效地降低坏胆固醇，保持好胆固醇。胆固醇属于体内的基本脂类化合物。它是人体细胞膜的成分，参与性激素的合成，我们的大脑细胞差不多完全是由它构成的。坏胆固醇偏高，冠心病的危险性就会增加。

那么对于现在经常伏案面对电脑工作的都市人来说，走到户外走进大自然中学习打高尔夫球是一项帮助塑身的有益运动。高尔夫球的击球动作是全身的整体运动，几乎需要全身肌肉和关节的运动来完成：通过腰部发力，挥动双臂击球，双脚走完全程，尤其是挥杆，是一套集协调、力量、爆发力的完整动作。

"杆数多少并不重要，重要的是，认真对待每一次挥杆，或独自体味失败，或与同伴分享喜悦，都是令人快乐的。"这是李主管打高尔夫的感受，他爱上高尔夫的理由是"轻松"。"我喜欢卸下所有包袱、所有烦恼，漫步在绿草上、阳光下的轻松感受。"

李主管是个认真的人，管理认真，休闲也认真。他的高尔夫学习过程中规中矩，装备精益求精。他的教练透露李主管是在练习场打满2万杆才正式下场的。

"打高尔夫，人的身体得到了完全锻炼。一场球18个洞，10公里走下来，身体每个部位都能得到活动，经受锻炼，这是其一。其二，打高尔夫，人的头脑也能得到锻炼，因为它是一项需要智慧的运动。处理每个球，都需要开动脑筋，在拼体力的同时，更拼脑力。头脑简单四肢发达的人绝对无法成为这项运动的主宰者。一场球下来精神与身体都能得到充分的放松，心情愉快。"目前，李主管在工作中进展顺利，他把这归功于劳逸结合，归功于他钟爱的高尔夫。

球局如人生。打高尔夫，还能提升人的境界。"接触得越多，领悟也越多。"某集团人力主管张先生对高尔夫的感受是"球局如人生"。

还不到30岁的张先生属于少年得志的青年才俊，自从开始打高尔夫以后他更加稳重了，他承认："高尔夫完全可以从哲学的高度来诠释人生。打高尔夫能使人不再急功近利，变得豁达从容，高尔夫磨炼着意志，教会我对失败的态度，对道德的态度……"

白领突击：

高尔夫球场一般都被大量的绿色植物覆盖，空气中的氧含量较高，空气新鲜，对于长期生活在都市中的上班族，无疑是一个排毒的好机会。由于高尔夫球场环境宜人，在运动的过程中，心情便自然得到疏解。于是一场球下来，相对平缓的运动速度和运动氛围，都会使心情平复回归到一种相对舒服的状态。

对于处于紧张忙碌的白领阶层，需要拥有很好的心态才能应付工作和生活的关系，而且打高尔夫是一项相对于自己的运动，最大的挑战便来源于自我的超越。打高尔夫需要对整场球的想象力和规划力还有协调力，从球场到日常，这种情绪的培养，有助于养成健康的处事方法和态度。

健身操，
燃烧你的脂肪

我国向来有"民以食为天"的古训，无论是宴会酒席，还是街边小摊，都在色香味方面做足了文章，一饱你的口福。大快朵颐之后，那种满足感油然而生，但烦恼接踵而来，凸起的小肚子、血脂高等接连不断。最终下定决心去减肥，跑步虽好但太枯燥，吃药虽灵但对身体伤害太大……拯救计划往往无功而返。为何不来跳跳拉丁健身操呢？

抖肩、扭胯、旋转，在热烈奔放的拉丁音乐中感受南美风情，让心情舞起来，让我们在舞蹈动作中燃烧脂肪，这就是拉丁健身操。炎炎的夏日，骄阳似火焰，正是拯救身材的最佳时机。

拉丁健身操对动作的细节要求不高，不强调基本步伐，而强调能量消耗，追求身体线条，注重对髋、腰、胸、肩部关节的活动，尤其适合运动量和而腰围、臀围过大的白领一族。伴着高昂的、欢快的拉丁音乐，你跳动的欲望会立刻被唤起，情不自禁地伴随着音乐扭动起来。拉丁健身操要求百分之百的情绪投入，越是淋漓尽致地把拉丁的感觉发挥出来，就越能在音乐中释放情绪，缓解压力，所以，这是一种产生快乐、不会疲倦的健身操。

从上世纪60年代至今，许多研究人员对体育舞蹈的生理和心理作用做过研究，平均每跳一曲拉丁舞，腰部的扭转有160~180次，女子的最高心率可达197次/分钟，男子的最高心率可达210次/分钟。大约能量代谢为8.5以上，相当于运动员完成一个800米的热能消耗量，大于网球和羽毛球的热能消耗。减脂效果可想而知。一堂课坚持下来，运动量很大，腰部两侧和大腿内侧得到充分锻炼，就会出现酸痛的现象。有氧拉丁对女性锻炼腰部、髋部特别有好处。一位白领女学员这样描述她对有氧拉丁的感受："跳起来很带劲、很享受，既新颖又不太难，最高兴的是它能帮助我塑造一个小细腰。"

拉丁健身，动作以摆胯为主，大多数情况以脚尖落地，具有柔中带刚的感觉。拉丁健身最大的特点是在运动中洋溢着拉丁舞蹈特有的欢乐与激情。在现场音乐的感染和教练的带动下，很容易就找到了拉丁的异国情调。

白领突击：

健身本来是件很枯燥的事情，但拉丁健身可以增加它的趣味性，尤其音乐和动作间散发出的热情，对于都市人释放压力、放松自己特别有好处。而这种热情奔放、自由随意的健身方式就成了一种享受，可以体会拉丁舞的优美与节奏。特别是，当你开始有氧拉丁的时候，强劲的音乐响起，人的心中豁然摆脱传统的束缚，随着拉丁音乐尽情地释放自己的能量，燃烧自己的脂肪，那种舒适酣畅的感觉无与伦比。

有氧搏击操，
都市人的新风尚

伴着欢快热烈的强劲音乐，健身房内一群身着格式服的年轻男女，正精神抖擞地跟着教练做出直拳、勾拳、踢腿、拦挡等动作。不要奇怪，这不是在练习武术，而是在做时下越来越流行的健身运动——有氧搏击操。

有氧搏击操，传说最早是由一名黑人搏击世界冠军创造，近一两年开始在国内流行起来。其具体形式是将拳击、空手道、跆拳道、功夫，甚至一些舞蹈动作混合在一起，在激烈的音乐中，进行一些拳击和跆拳道的基本拳法和腿法练习。健身者在出拳、踢腿的过程中，随着音乐挥动双拳，动作刚劲有力，让健身者尽情发泄，尽情出汗，放松减压。

搏击的动作魅力独特，颇具观赏价值，能有效促进身体柔韧性及肌肉力量的增长。同时伴有欢快的音乐，驱赶了锻炼的疲劳，节奏的多变，给重复的动作增添了情趣。有氧搏击操结合以上两个项目的精华，构成了一种新形式的健身方式，深受白领人士喜爱，渐已成为越来越多都市人的生活新风尚。

这种配合音乐节奏挥拳、踢腿的有氧运动，由于瞬间爆发力强、肢体伸展幅度大，运动量比传统的健美操更大，跳个十五至二十分钟，约相当于三十分钟的有氧舞蹈，至少可消耗二三百卡热量，对于想减肥的年轻人而言，堪称是效果十足的"瘦身"运动。但运动时人体一定要处在有氧代谢状态，简单的人体反映是呼吸正常、不头晕，也可以通过脉搏测量：每分钟心率在220减去实际年龄再乘以60%到80%之间为最佳有氧训练状态。

另外，搏击操的挥拳、踢腿动作，也有助于缓解压力。现代白领普遍工作压力大，有时难免有想"揍人"的念头，这种有氧运动出拳时，要求腹肌收缩、大吼一声，不但可锻炼到平时不易使用的腰腹肌，用力出拳、大吼大叫都是缓解情绪的好方法。

陈充，某外企企划专员。由于工作需要，陈充常忙碌穿梭于各式各样的会议、事务，很难有悠闲时刻，时不时还会遇到难缠的客户，陈充的生活似乎总是充斥着琐碎和忙乱。某次，无聊之余陪着一个朋友到健身房练习有氧搏击操，本来打算作壁上观的陈充看到场中一群人左挥一拳，右踢一腿，不时发出呐喊，韵律节奏感十足。陈充动了心，当下，他也报名参加有氧搏击操的训练，从此便迷上了这项运动。

在陈充看来，有氧搏击操不仅能锻炼身体，达到瘦身效果，而且能增加身体柔韧性，协调性越来越好，也无形中增加了陈充在人前的自信，工作起来更得心应手。有时陈充莫名其妙挨老板训斥，来这里挥舞一下拳头，想象可恨的老板站在对面，真的还能发泄一下心中的怨气。

透过这种方法宣泄情绪，让体力适度消耗，难怪许多跳过"搏击操"的人都说，实在令人畅快不已。

白领突击：

上班族若想尝试，一定要注意手肘、膝盖、脚踝等关节处使用护套，保护肌腱及韧带，避免拉伤。另外运动前先做10分钟热身，让关节、肌肉放松后再开始挥拳。运动后若发现有肌肉酸痛的现象，最好立即冰敷。所以如果有暴力倾向的朋友最适合这一动动。但应注意的是：

第一，虽然在做搏击操时，可以想象出一个假想敌，可是也别因为太愤恨，而全身绷得紧紧的，或是出拳、踢腿太用力。运动时身体放轻松，即使是手出拳，也会带动腰部的动作。

第二，运动时，手肘、关节不可锁紧，踢腿时也是一样，膝盖也不要绷得太紧，这样才能健身没伤害。另外，搏击操运动强度较大，如出现低血糖，请先休息片刻后再决定是否继续。

户外运动，
在挑战中享受乐趣

　　随着人们生活水平的提高，人们的旅游消费热情被调动起来。然而，在人们刚刚开始接触旅游的时候，许多人仍习惯于被动地跟随旅行社走马观花式的旅游。随着人们旅游需求标准的提高，个性化旅游方兴未艾。户外运动则由于其健身性、参与性、娱乐性等特点而成为一种都市时尚。由于不满足于原有的旅游方式，我国一批的年轻都市白领阶层开始接受这项运动，并成为了户外运动消费的主要群体。

　　宋小姐是中心城区某外企高管，月收入五千左右，虽然平时一身紧身的白领装束，但实际上她已是小有名气的老"驴友"了。在户外俱乐部里，朋友们都叫她小猫。四姑娘山、玉珠峰、宝顶，一连串海拔5000米以上的高峰都写进了她的征服日志里，去年她还随团参加了穿越可可西里科考探险活动。人们很难把这个在商海里左右逢源的时尚女子与在山巅步履维坚的勇士联系在一起。宋小姐说，在玩户外前，她还玩高尔夫和骑马，但无处不在的挑战所带来的刺激却是这两项运动不能代替的。与真实的自然相遇是件快乐的事情。

　　由于承受的工作压力越来越大，工作时间也越来越长，中国的都市白领把户外休闲性体育活动作为一种锻炼手段。"户外""驴友""暴走""自虐"……如果在2000年以前，人们听到这些有关户外运动的词汇会感到陌生而新鲜，而短短几年后它们已经被广泛熟知。

目前，类似宋小姐这样热衷户外运动的"户外族"的都市人正在不断增加，而参加过户外运动的人则有近万人左右，他们的平均年龄在25岁至35岁之间，主力军是白领人士。

"户外族"，来自不同的领域和年龄层，常常组团一起活动。除了参加俱乐部，很多户外族选择网络联系同行者。在一些专业网站上，一个出行帖子发出，很快就有响应者。

但户外运动不同于一般意义上的旅游，而是体育运动和旅游的一种结合，有很大的挑战性和刺激性，目前比较常见的方式有攀岩、登山、蹦极、滑翔、漂流、攀冰、冲浪、穿越、滑水、远足、定向、滑草、潜水等。作为一种新的生活方式，户外运动提倡拥抱自然，挑战自我。你可以在户外运动中获得一种体验、一种吃苦的体验、一种摆脱狭小的生活环境、在大自然中无拘无束的体验。

专家认为，户外运动的流行反映了人们在日趋恶化的城市环境和不断加大的工作压力下，渴望通过与自然界的亲密接触，放松自己、减轻压力、强健身体的强烈愿望。

白领突击：

"倘徉在青山绿水间，穿行在条件艰苦的森林、高山中……这感觉太刺激了！几天的户外运动经历，不仅让我们领略了大自然的秀丽，更让我们在困难和苦涩中体味到了成功的快乐"，这是户外运动者回顾时的感叹。

户外运动起源于欧洲阿尔卑斯山地区，我国在20世纪９０年代才出现。目前，在中国开展的户外运动已有多种形式。由于形式多样，每个融入其中的人对这项运动都有着不同的理解和感受：有人渴望在青山的怀抱中倾听自己内心的呼唤；有人渴望在绿水流动中洗净心灵的尘埃；还有人希望自己在汗水、泪水与血水里变得坚强……

钓鱼，使紧张的思维放松

在都市白领的休闲活动中，休闲活动已逐渐受到青睐，并且已成为一种时尚，比如钓鱼。

钓鱼是一项培养个人耐性的休闲活动。普通的装备很简单，一根钓竿、一些鱼饵和一个水桶就可以出发了。带上全副"武装"，湖边静静坐上一段时间，不求收获只要减压。这也成为众多都市人的一种周末休闲活动。

在我们的意识中都会认为钓鱼是老年人的活动，如今这一意识已经显得很落后。每当周末，湖边上便悄悄地挤满了前来钓鱼的年轻人，他们大多年龄在25至35岁，钓鱼的全套家当齐备，静静地享受着片刻愉悦。

和老人家不一样，这里年轻的"钓鱼翁"们都很讲究钓鱼的工具，宁香便是其中一员。她26岁，"钓龄"才几个月，可是摆在面前的家当却不少——12磅钓竿一根、16磅钓竿一根，钓线、卷线器、投竿、冰桶一样不少，还有钓鱼背心、多层腰包和"渔夫帽"。单是这些"武装"就已经花了她五六千元。

宁香的鱼饵也是专业级的，放弃了传统的蚯蚓，她用的是商业化的鱼粮，是针对不同的鱼类口味做出来的。但是，宁香的钓鱼技术非常一般，在湖边坐了一个小时，却没有钓上来一条小鱼。可她一点都不在乎，一边钓着鱼，一边听着音乐已经成为她周末的消遣。有时候，她甚至带些杂志小说过来，来个"双管齐下"。

实际上，这里的年轻"钓鱼翁"收获都不多，可是打退堂鼓的却很少，大家仿佛忘了在钓鱼，而在享受着钓鱼带来的悠闲。

经常在周末过来钓鱼的刘先生坦言，垂钓虽不算什么新奇的活动，然而在办公室生意场上忙得团团转的白领阶层，在出让了他们的体力和脑力劳动之后，渴望大自然的亲吻，越来越需要一种鲜活的、充满乐趣的休闲活动，垂钓确是一种健身、养性、怡情的户外活动。走出办公室，投身大自然怀抱，在那山清水秀翠榕绿柳的湖旁河岸塘边，对着碧波荡漾的水面，呼吸着新鲜空气，听着虫鸣鸟语，观山弄水，着实令人赏心悦目，心旷神怡。当小鱼翻动水莲，浮出水面，鱼动、水动、莲动形成和谐的律动美，充满大自然的生活气息。放竿静待时，万念俱消，聚精会神地看着鱼漂。鱼儿咬钩沉浮摇动时，心情会为之一振，待提竿得鱼，喜悦之情，忘乎一切，故久钓者往往成癖，迷上这种活动。

他现在已经是了"周末渔翁"一族中的一员，常常午后过来，一直坐到夜幕降临才依依不舍地离开。

钓鱼已经成为刘先生的减压途径，他指出，"这里像我这样的人并不少。现代人所承受的工作压力比以前更严重了，心脏病、高血压、中风、癌症甚至性功能衰退等等，或多或少都与工作压力有关。所以，我选择来钓鱼，缓慢的节奏可以转移紧张的思维，让人身心得到放松。"

因为年龄相仿，年轻渔翁们很容易就混熟了，每次见到熟悉的面孔，大家都会会心一笑。有时候闷了，大家就相互聊几句；女孩子钓到大鱼了，男同胞们还很有义气地过来帮忙拉线；临走之前，还不忘互相总结一下"战绩"，再来一番相互鼓励，久而久之，便成了"钓友"。

以往，白领人士一到周末，往往是通宵玩麻将，或到酒吧喝个烂醉，有人干脆到卡拉OK房把嗓子唱哑，以此来排解平时工作的压力。

其实，过去的那种休闲方式，不仅不能缓解工作压力，反而容易使自己意志消沉，对身体健康也没有好处。而回归大自然，让身心融入到大自然的怀抱中，更多地感受清新平静和洁净简约，能很好地放松紧绷的神经，享受大自然的野趣。

白领突击：

钓鱼作为一种日常休闲运动，不仅可以培养兴趣爱好，还可以健身，锻炼身体。对于人们来说，一举两得，何乐而不为呢？

钓鱼，有静有动，有坐有立，是一种全身心的活动，在钓鱼过程中可以舒展筋骨、流通气血、调剂精神，是一种有益人们身心健康的综合性活动。将身心复归大自然，忘情于鱼的扑跳间，实在是一件惬意的事。